品成

阅读经典　品味成长

AI新个体

用DeepSeek重塑一人公司

鱼堂主 阿猫◎著

人民邮电出版社

北京

图书在版编目（CIP）数据

　　AI 新个体 ：用 DeepSeek 重塑一人公司 / 鱼堂主，阿猫著 . -- 北京 ：人民邮电出版社，2025. -- ISBN 978 -7-115-67023-6

　　Ⅰ．TP18

　　中国国家版本馆 CIP 数据核字第 2025UQ2447 号

◆ 著　　　　鱼堂主　阿　猫
　　责任编辑　刘　浩
　　责任印制　马振武

◆ 人民邮电出版社出版发行　　北京市丰台区成寿寺路 11 号
　　邮编 100164　　电子邮件 315@ptpress.com.cn
　　网址 https://www.ptpress.com.cn
　　文畅阁印刷有限公司印刷

◆ 开本：880×1230　1/32
　　印张：6.125　　　　　　　　2025 年 4 月第 1 版
　　字数：111 千字　　　　　　 2025 年 11 月河北第 3 次印刷
　　著作权合同登记号　图字：01-2025-1189 号

定价：49.80 元

读者服务热线：（010）81055671　印装质量热线：（010）81055316
反盗版热线：（010）81055315

序　言

DeepSeek 等 AI 模型的出现，如同一场突如其来的科技风暴，瞬间点燃了我的热情，实在太让我兴奋了！通过实际体验和深入研究，我越发坚信，在未来几年乃至 10 年内，我们生活的各个角落都会逐渐被 AI 渗透。

从日常出行时智能导航根据实时路况规划最优路线，到智能家居系统依据你的生活习惯自动调节室内温度、灯光亮度，AI 将全方位地影响整个社会，彻底改变我们习以为常的生活方式。

在我的日常生活里，AI 已经成为不可或缺的得力助手，全面渗透到各个环节。就拿我每天早上的"赚钱日课"创作来说，这是我分享给学员们的重要知识内容。

以往，要完成一篇 3000 字左右、逻辑清晰且内容充实的文章，我差不多要全神贯注地花费一小时。但现在，一切都变得轻松高效起来。我只需打开豆包 App，借助其中强大的"文字润色官"AI 智能体，就可以开启神奇的"口头写作"之旅。

我只需对着手机麦克风，将脑海中构思的内容顺畅地表达出来，AI 便能迅速将我的语音转化为条理分明的文字，同时还能依据语义进行精准润色。15 分钟左右，一篇高质量的文章初稿就呈现在眼前，不仅节省了大量时间，文字表达也足够流畅、专业。

在创作过程中，概念阐释一直是个颇具挑战的难题。我们难免会碰到一些模糊不清、难以向学员清晰阐释的概念。在没有 AI 时，我常常陷入两难境地。要么暂且搁置这个部分，投入大量时间持续学习相关知识，等待灵感闪现、思路清晰时再接着创作；要么像撰写严谨的学术论文那样，查阅海量资料、深入调研，耗费数周甚至数月时间，去梳理清楚那些复杂的概念。

但如今，AI 宛如一位无所不知的智慧导师，成为我们强大的"认知加速器"。当遇到难以阐释的概念时，我只需在豆包中用简洁明了的语言提出问题，通过与 AI 进行 5 分钟左右的深度对话交流，它就能从专业知识储备库里调取全面且易懂的解释，帮助我迅速攻克难关。这意味着，过去可能要耗费一年半载才能解决的知识难题，现在短短几分钟就能迎刃而解，大大提升了我的创作效率和知识传递的准确性。

把目光投向生活的其他方面，AI 的身影更是无处不在。

制作海报时，以往我需要花费数小时在设计软件中精心排版、挑选素材；现在借助 AI 设计工具，我只需输入简单的主题和设计要求，它就能在短时间内生成多套创意十足、视觉效果出色的海报模板供我选择。制作课程大纲时，AI 能依据课程目标和受众特点，快速生成逻辑清晰的框架，还能根据我的反馈不断优化。就连制作 PPT 这种烦琐的工作，AI 也能大显身手，自动匹配合适的图表、图片，让 PPT 瞬间变得生动且专业。

可以说，从生活琐事到工作事务，方方面面都开始与 AI 深度结合，我的效率得到了前所未有的大幅提升。

也正因如此，才有了这本凝聚着我对 AI 深度理解和实践经验的新书。我满心期待，当你翻开这本书，逐字逐句阅读时，也能够像我一样，真切感受到 AI 那震撼人心的力量，和我一同勇敢地拥抱 AI 时代给予普通人的绝佳改命机遇。

回顾过去，房地产热潮让无数人实现财富自由，互联网崛起创造了全新的商业模式，公众号为内容创作者开辟了广阔天地，短视频更是掀起全民创作与娱乐的浪潮。而我坚信，AI 时代带来的机遇，其影响力丝毫不亚于这些改变时代进程的重大事件，它将为每一个勇于尝试、善于学习的普通人，打开一扇通往全新人生的大门。

不过，仅通过文字在书中呈现，很难淋漓尽致地展现 AI 的强大威力。尽管我和鱼堂主在撰写过程中绞尽脑汁、竭尽全力，运用丰富的案例和通俗易懂的语言，力求让大家更好地理解 AI 如何应用，但书中内容或许仍只是 AI 巨大能量的冰山一角。

为了弥补这一不足，给大家带来更加直观、深入的学习体验，我们特意为大家精心准备了一门实操课程。在这门课程中，你能直接观看我和鱼堂主的视频讲解，我们将一步一步、手把手地教你如何运用各类实用的 AI 工具，将书中的理论知识应用到实际操作中。

这门实操课程作为这本书的绝佳配套，就像为你配备了一位贴身教练，能助力你更好地吸收知识，真正掌握 AI 这一能够改变命运的强大武器。若你渴望深入学习，提升自己的 AI 技能，只需在我的公众号"阿猫读书"回复"拥抱 AI"，即可免费领取这门宝贵的课程，开启你的 AI 学习进阶之路。

阿猫

目　录

第一章

AI 时代的一人公司革命

第一节

从个体户到智能商业体的进化

在过去的一年里，我们共同推出了《一人公司》这本书。在书中，我们分享了从个人创业到打造一人公司的全过程，致力于为个体创业者提供清晰的路径。《一人公司》刚一上市，AI 革命便席卷而来。这场变革让我们兴奋不已，因为 AI 的崛起，让每个人成为"一人公司"的可能性变得更加真实。

AI 如何改变一人公司的发展

AI 时代的一人公司，将是由个人主导，通过 AI 智能技术辅助，让效率得以大幅提升的小型商业体。以我们的创业经历为例，早期几乎所有的业务环节都要我们亲力亲为：内容编辑、文案写作、产品设计、销售推广、流量运营、客服管理……这种全能型运作方式带来的最大问题就是个人精力高度紧张，几乎没有社交和娱乐的时间，生活被工作填满。

但今天，AI 的发展改变了这一切。以写作为例，过去我们要花费大量时间构思、编写、修改，而现在，我们可以将一部分基础编辑工作交给 AI 完成，大大节省了时间。更令人惊喜的是，AI 甚至可以根据我们输入的框架或语音指令，生成完整的文章。这不仅提高了写作效率，还让我们有了更多时间去思考更有价值的内容。正是因为 AI 的加持，我们才能在短时间内完成一本书的创作。

对于个人创业者来说，AI 不仅是提高效率的工具，更是拓展商业模式的催化剂。它让个体能够像企业一样运作，打破了时间和人力的局限，使一人公司的模式更加可行。

一人公司的核心优势：商业闭环、可复制性

从我的创业经历来看，一人公司模式能实现高收益，关键在于两个因素：商业闭环和可复制性。

商业闭环指的是一个业务体系能够自我驱动、持续盈利。例如，我们可以通过自媒体、社群营销、知识付费等一系列方式为用户提供价值，获取收益。这些业务环环相扣，构成完整的商业闭环，使得一人公司可以自我造血，避免陷入缺失某个职能的风险，也避免了收入瓶颈。

可复制的产品能够放大个体的收益，比如在线课程、社群内容或其他数字产品。有些产品一旦被创造出来，就可以重复销售，而不需要额外的时间投入。在 AI 的帮助下，这些产品的制作和推广变得更加高效，进一步放大了一人公司的商业

价值。

如何构建商业闭环？从个人到 AI 团队的进阶之路

很多人认为"一人公司"意味着只能靠自己单打独斗，但实际上，通过合理利用 AI 智能体，也就是我们内部常说的"一个人 +AI 智能体员工"的形式，一人也可以实现像公司团队一样的分工协作，同样可以建立高效运作的 AI 化团队。

一人公司的优势之一是低成本运作。与传统企业相比，一人公司不需要租赁昂贵的办公场地，也无须承担庞大的人员开支，这使得利润空间更大。而通过 AI 的协助，一人公司就可以承担更多职能，例如产品设计、营销推广、数据分析等，让原本需要多人协作的任务变得更加轻松。

随着业务的发展，一人公司也可以逐步扩展，例如雇佣远程助理、外包部分业务，形成小型团队。在这个过程中，AI 依然可以帮助提高运营效率，确保企业在实现低成本的同时保持高产出。

AI 如何赋能一人公司

在过去，个人创业者面临的最大挑战是时间和精力的限制，但 AI 的加入，让一人公司的运作变得更加智能化，它可以帮助我们完成大量重复性、耗时的任务。

- **内容创作**：AI 可以辅助写作、生成营销文案、优化社交媒体内容。

- **客户服务**：智能客服工具可以自动处理客户咨询，提高服务效率。

- **市场分析**：AI 可以收集和分析用户数据，帮助精准制定商业策略。

- **自动化运营**：从社群管理到微信私域营销，AI 可以帮助完成一系列自动化任务。

对于一人公司而言，AI 不仅仅是一个工具，更是一位"虚拟员工"。每个人都可以通过 AI 扩展自己的能力，让自己像一家小型企业那样运作起来。

随着 AI 技术的不断演进，未来的个体创业者将拥有前所未有的商业机会。无论是自由职业者、创业者，还是想做副业的人，都可以利用 AI 构建自己的商业体系，实现收入的可持续增长。

这本书的核心目标，就是帮助更多人理解并掌握一人公司的运营模式，学会利用 AI 赋能，成功实现创业目标，提升生活质量。我相信，每个人都可以成为自己的"一人公司"老板，而 AI，将是你最得力的助手。

未来的商业世界，将属于那些能够驾驭 AI、打造智能化商业体系的人。

第二节

认知觉醒：用 AI 重构你的大脑

学习方式已经彻底改变，很多人还没意识到

如果你回顾一下自己过去的学习方式，会发现一个问题：**我们过去的学习效率，低得令人发指。**

学东西靠的是一本书一本书地啃，速度慢，吸收的信息少。

想学一门技能，得先花好几个月去入门，甚至花几年才能真正掌握。

知识获取是"线性"的：得一页一页读，一章一章看，才可能拼凑出完整的理解。

最可怕的是，很多东西学完才发现根本用不上，理论与实践脱节。

但 AI 出现之后，这一切正在被彻底颠覆。

过去，我们获取知识像是在大海里徒手捞鱼，效率极低；而现在，有了 AI，获取知识更像是**精准狩猎**——我们可以直接

找到自己需要的答案，甚至在学习的过程中，不断优化自己的理解路径。

像 DeepSeek 这样的 AI 工具，本质上是一个"外脑"，它能让你超越传统学习的局限，不再慢吞吞地积累，而是迅速掌握核心知识点。

那么问题来了：你是否已经准备好用 AI 重构自己的大脑了呢？

用 AI 重构大脑，让学习效率提升 10 倍

很多人说，AI 让信息获取变得更容易了，但这只是最浅层的改变。**真正的革命，是 AI 改变了我们学习的方式。**

如果你回想一下，就会发现我们的学习方式一直在变：最早的学习方式，是靠师傅带徒弟，一问一答，面对面传授知识；后来有了书籍，我们的学习方式变成了自主阅读，但效率低，理解不深；互联网时代，搜索引擎让我们能主动获取知识，但依然需要自己筛选、整理、理解；AI 时代，我们又回到了最原始但最高效的方式——问答式学习。

那么像 DeepSeek 这样的 AI 工具，能帮我们做到什么？

● **精准式学习**：你可以直接问问题，让 AI 给你答案，不用再像过去一样翻几十页书、看无数篇文章才能找到自己想要的信息。

- **筛选式学习**：让 AI 帮你筛选信息，告诉你哪些是核心知识点，哪些是可忽略的，省去大量低效的信息处理时间。

- **对话式学习**：你可以像和导师交流一样，持续追问、探索，直到真正弄懂一个问题，而不是浮于表面。

- **即时验证**：当你学了某个知识点，AI 可以马上帮你测试，甚至模拟实际应用，让你的学习成果立刻得到检验。

换句话说，DeepSeek 不是一个简单的信息工具，而是一个高效的认知放大器。它能帮你用极低的时间成本，获得极高质量的知识，并且马上就能验证和应用。

深度学习 + 实战验证，让认知得到提升

很多人学习的最大问题是学了就忘，用的时候才发现自己不会：看了很多商业案例，但真要做决策时，还是不知道如何下手；学了一门新技能，但过了半年不用，就几乎忘光了；读了很多书，但真正记住并能应用的，可能不到 10%。

这其实是学习方式的问题。

而以 DeepSeek 为代表的 AI 工具，能让你的学习方式从"无目标囤积式"变成"即时应用式"。

举个例子，如果你想学"商业模型"，过去的方式是：买几本关于商业模式的书，一本一本地啃，可能花几个月才读完；读完了，但理解得不深刻，对于很多概念只是略知一二；

到了真正需要做商业决策时，发现很多东西没记住，还得重新查资料。

但如果使用 AI 工具，你的学习方式将是：

● 直接让 AI 解释什么是商业模式，并用具体案例帮你理解；

● 让 AI 针对你的具体情况，推荐最适合的商业模式；

● 让 AI 模拟不同的商业策略，给出优缺点分析；

● 让 AI 帮你生成产品计划书，甚至优化你的营销方案。

这不仅是学习方式的变化，还是学习结果的变化——在 AI 的辅助下，你的学习效率甚至能够提升 10 倍，你对事物的理解水平和认知水平也会大幅提升。

AI 时代的全新竞争

有些人还没意识到，AI 不是未来，它已经是当下。

AI 时代的竞争，不仅是个人能力较量，更是"你 +AI"和"别人 +AI"的竞争。

或许，当你还在一本一本地翻书、查阅资料时，别人已经用 AI 快速吸收核心知识，筛选出了关键要点。

当你还在试图手动整理信息时，别人已经让 AI 自动生成了完整的学习笔记和知识框架。

当你还在苦苦思考商业决策时，别人已经用 AI 预测市场趋势，提前做好了布局。

最关键的是，**AI 是可以复用的，但时间不可复用。**

如果你现在不学会用 AI，那就意味着你每天都在浪费自己最宝贵的资源——时间。

认知觉醒：今天不用 AI，未来你可能会被 AI 淘汰

很多人以为 AI 是工具，其实 AI 更像是你的第二大脑。

如果你希望让自己的大脑保持高速进化，保持学习能力的领先，那就一定要学会用 AI。

比如，DeepSeek 就不是一个简单的聊天工具，而是一个认知增强工具。它能让你的学习方式更高效，让你的知识更精准，让你的认知更深刻，让你的能力实现显著提升。

那么，你是选择继续用过去的低效方式学习，还是抓住 AI 时代的机会，迅速构建自己的第二大脑呢？

今天的选择，决定了你未来的成长速度。

认知觉醒，从用 AI 开始。

第三节

效率革命：DeepSeek 深度工作法

过去的工作方式，真的太低效了

如果你回顾一下自己每天的工作，会发现一个可怕的事实：**我们每天的大量时间，都浪费在低效的重复劳动上。**

开完会，要花时间整理会议纪要，还要翻聊天记录、整理要点。

做一个项目方案，要搜集许多资料，做筛选、归纳、整理，这些事情花的时间比真正思考还多。

写一篇报告，要查各种数据，调整格式，润色内容。

甚至连写一封正式邮件都要纠结措辞，修改好几遍，耗费大量时间和精力。

这些问题的根源是什么？

过去的工作方式，本质上是依赖个人的经验积累和精力投入，你做得再多，效率也并不会提升多少。

但 AI 时代，这一切已经发生了根本性变化。

　　像 DeepSeek 这样的 AI 工具，就能让我们将低效的、重复的、低价值的工作外包给 AI，让自己更多地专注于更有价值的深度工作。

DeepSeek 深度工作法：让 AI 释放你的创造力

　　过去的高效人士，是能管理时间的人；未来的高效人士，是能管理 AI 的人。

　　AI 不仅仅是让你工作"快一点"，而是彻底改变你的工作逻辑，让你避免在低效的信息整理上浪费时间，专注高价值任务。

　　举个例子，以前你要做一个市场分析报告，可能需要经历以下几个阶段：

　　第一步，花 2 小时搜索各种市场数据，筛选出有效信息；

　　第二步，花 3 小时整理数据，分类、归纳、总结趋势；

　　第三步，花 2 小时撰写分析报告，润色内容、调整结构；

　　第四步，花 1 小时检查、修改。

　　但如果有了 AI，整个流程可以是这样的（以 DeepSeek 为例）：

　　第一步，直接让 DeepSeek 帮你筛选、整理市场数据，只提供最相关的内容；

　　第二步，让 DeepSeek 帮你分析数据趋势，并形成可视化报告；

第三步，花 1 小时调整和优化 DeepSeek 生成的内容，让它更加符合你的风格和需求。

原本 8 小时的工作，现在 2 小时以内就能完成，而且质量更高。

让 AI 变成你的私人行业顾问，补齐经验差距

过去，刚入职一个行业的人，想快速成长，通常需要通过以下方式：

- 找资深前辈请教——对方不一定愿意教你；
- 自己摸索行业规律——试错成本高，效率极低；
- 读大量专业书籍——很难快速应用到实际工作中。

但现在，你可以让 DeepSeek 充当你的"AI 行业顾问"。它不仅能帮你快速理解行业术语、趋势、案例，让你少走弯路，还能根据你的实际工作需求，提供针对性的行业分析，帮你避开常见误区，甚至能模拟资深专家的思维方式，帮你优化工作方案，让你的决策更精准。

让 AI 帮你筛选最重要的任务

很多人工作忙，却忙得很低效，原因就是**不会区分"重要的事"和"紧急的事"**。

你可以利用 DeepSeek 梳理当前任务的优先级，筛选出真正值得投入精力的事情，甄别哪些工作可以交给 AI 处理、哪些工作需要你亲自完成，从而让你的工作安排更加高效，避免在低价值任务上浪费时间。

AI 让一人公司成为可能

过去一个人创业的难度很大，必须花大量时间构思产品、优化商业模式，亲自操刀运营、营销、推广等所有流程的细节，还要承担所有琐碎的工作，耗费巨大精力。

但现在，DeepSeek 就可以帮你做到以下几点，让你事半功倍：

- 快速生成产品策划方案，让你少走弯路；
- 完成 80% 的文案撰写、市场分析、品牌营销；
- 直接根据你的想法，优化产品设计、推广策略。

目前，我们公司已经把 DeepSeek 深度应用到了工作流程中。过去一本书的选题、策划、框架搭建，可能要花几个月时间；但现在，我们可以先让 AI 写 3 个版本的大纲，再调整章节结构，让 AI 生成初稿，之后由我们进行修改和完善，最终的编辑和精修，也可以利用 AI 辅助。整个流程在 AI 的辅助下能够提速 5 倍以上。

以前写一本书至少要 5 ～ 6 个月，现在最快 1 个月就能写完。

这不仅仅是工作效率的提升，更是工作方式的重构。

AI 时代的高效能人士

很多人还没意识到：AI 不是在替代人，而是在放大人的能力。

在未来的工作竞争中，不是 AI 取代你，而是"你 +AI"取代不会用 AI 的人。

真正的高手，早就把 AI 当作自己的"超级助理"，让 AI 去承担低价值的重复劳动，让自己专注于更重要的事情。

我们即将进入效率革命时代，在这个时代，你的工作方式，必须从"手动模式"进化到"AI 模式"：

- 让 AI 处理低效重复的任务，让自己专注于核心工作；
- 让 AI 提供行业分析、优化方案，让自己的决策更精准；
- 让 AI 筛选出优先级任务，让自己的时间利用率更高；
- 让 AI 赋能个人创业，让自己拥有 10 倍的生产力。

未来的竞争，不再是个体之间的竞争，而是"AI+ 人"和"不会用 AI 的人"之间的竞争。如果你还在用 10 年前的方式工作，那你迟早会被"AI+ 人"模式淘汰。

今天的选择，决定了你未来的成长速度。

你是愿意继续用低效的方式工作，还是愿意拥抱 AI，进入

效率革命时代呢？

AI 已经准备好了，你呢？

第四节

组织新生：一人公司的 AI 团队架构

一人公司 2.0：从单打独斗到 AI 组织

如果说过去的"一人公司"是指一个人利用互联网工具创业，那么 AI 时代的"一人公司"，其概念已经发生了质变。

你不再是一个人在战斗，而是你与无数 AI 员工共同组成的智能化团队在战斗。

过去，我们构建"一人公司"主要依赖三个核心能力：

- 内容输出——用自媒体建立个人品牌；
- 产品打造——打造数字产品，实现收入增长；
- 流量运营——通过社群、营销变现，实现商业闭环。

但这些能力，过去必须由一个人亲力亲为，从选题、写作、剪辑，到推广、客服、产品迭代，全靠自己熬夜硬干，效率极低。

现在，有了 AI，你不再是单兵作战，而是可以雇佣一支智能 AI 团队，每个"AI 员工"承担不同岗位的职能，帮你实现自动化运营。

你就是 CEO，AI 是你的团队成员。**你负责决策，AI 负责执行。**

AI 让每位普通创业者都站在了新的起点—— 一个人只要懂得高效使用 AI，就能像 CEO 管理自己的团队一样，让 AI 员工帮自己执行任务，提升工作效率，减少试错成本。

换句话说，今天的一人公司，不再是一个人的单打独斗，而是一个人与无数 AI 员工组成的高效团队。

那么，如何真正建立一个 AI 团队？我们可以把 AI 员工分至以下几个核心职能岗位。

- **AI 文案助理**：写文章、起标题、优化内容，提升写作效率。

- **AI 设计师**：制作海报、PPT、封面图，快速生成专业级视觉内容。

- **AI 运营助手**：分析市场趋势、用户数据，优化投放策略，提升获客效率。

- **AI 客服**：回复常见问题，提高用户满意度，降低人工客服成本。

- **AI 研究员**：快速整理资料，提供行业洞察，让你始终走在行业前沿。

- **AI 商业顾问**：分析你的商业模式，提供改进建议，让你的决策更精准。

不同 AI 员工各司其职，就可以把你从烦琐的细节中解放出来，让你专注于更重要的事情，比如制定战略、打造个人 IP、拓展市场。

AI 团队如何运作

既然 AI 员工可以承担那么多任务，那具体应该怎么管理呢？

第一步：选定你的核心业务

首先，你要明确你的业务模式。你提供的核心价值是什么？你靠什么赚钱？

比如，如果你是自媒体创业者，你的核心业务可能是：生产优质内容，吸引读者；通过知识付费、广告、社群变现。

如果你是自由职业者，你的核心业务可能是：提供专业服务（设计、咨询、编程等）；通过个人品牌获取客户。

明确核心业务后，你才能知道哪些工作可以交给 AI，哪些需要亲自执行。

第二步：拆解任务，分配 AI 助手

一旦确定了核心业务，就可以拆解日常工作流程，并分配给不同的 AI 员工。

比如，如果你每天需要写公众号文章，你可以按照以下分

工来管理 AI 团队：

- **AI 研究员**：搜集热点话题，提供灵感。
- **AI 文案助理**：生成初稿，优化语言表达。
- **AI 设计师**：制作配图，提高视觉吸引力。
- **AI 运营助手**：分析用户反馈，优化推文策略。

这样，你就可以从"自己单打独斗"变成"AI 团队分工协作"，大幅提升内容生产效率。

第三步：建立 AI 工作流

AI 只是工具，高效应用 AI 的关键在于如何整合各项功能，让不同的 AI 工具协同工作。

举个例子，假设你想用 AI 搭建一个自动化的内容创作系统，你可以按如下这样安排：

- **选题阶段**：由 AI 研究员分析数据，提供选题建议。
- **写作阶段**：由 AI 文案助理生成初稿，再优化内容。
- **视觉设计**：由 AI 设计师制作封面图、配图。
- **发布推广**：由 AI 运营助手分析发布时间，优化推送策略。

未来，每个人都将拥有 AI 团队

AI 时代，最重要的认知升级，就是你不再是一个人在工作，而是带着 AI 团队在战斗。

一个人如果不会用 AI，他的成长就只是线性的；但如果他能高效运用 AI，他的成长甚至可以是指数级的。

越来越多的人正在用 AI 放大个人能力，实现超高效工作。你是选择站在浪潮之外，还是抓住机会？

未来，每个人都有机会成为"一人公司"的 CEO，每个人都能拥有一个由 AI 组成的智能团队。而你，准备好了吗？

第二章

认知革命：为什么普通
人更需要 AI 杠杆

第一节

AI 时代，普通人有哪些新机会

在这个时代，AI 不再是科幻小说里的概念，而是实实在在能够改变普通人命运的工具。有人把它当作新鲜玩具，随便试试；有人则意识到，这是普通人最难得的一次跃迁机会。如果你没有资源、没有背景、没有经验，也没有多少试错的机会，那你比任何人都更需要 AI。

没有资源、背景和人脉，AI 能帮你补齐短板

现实世界中，那些创业者之所以能成功，往往不是因为他们更努力，而是因为他们站在了更高的起点。他们的家族里可能有人从商，可以给他们提供商业建议；他们的朋友中可能有人深耕某个行业，可以第一时间给他们提供行业信息；他们的投资人可能愿意给他们时间和资金去试错。但普通人呢？

普通人缺什么？

- **资源**：没有雄厚的资金支持，想创业只能从零开始，缺

乏启动资金和人脉。

- **经验**：没有人指导，商业世界的很多规则、行业内幕、产品打法，可能都要自己踩坑才能学会。

- **试错机会**：失败的成本太高，许多时候一个决策失误就可能导致创业终结。

但是，现在 AI 出现了。

AI 能做什么？过去，你想找个专业的咨询师，每小时可能要付费几百、上千元；你想获取某个行业的深度报告，可能需要付费订阅；你想得到创业导师的指点，可能根本接触不到好的导师。而现在，AI 可以像"随身顾问"一样，帮你解答商业问题、优化决策、拓展认知，让你在信息层面不输给那些起点更高的人。

这就是 AI 的杠杆效应——它可以帮你轻松撬动那些原本不属于你的机会。

AI 时代的核心竞争力：会用 AI 的人，才能领先

很多人会问："现在 AI 模型那么多，我到底该用哪个？"

我的建议很简单：先选一个开始用。比如，DeepSeek 就是一个能帮助普通人快速提升认知、补充知识盲区的工具。

毫不夸张地说，**AI 正在加速世界的分化**。

不会用 AI 的人，还在靠人工筛选信息，花大量时间研究

商业模式，做着低效的重复劳动；会用 AI 的人，已经用它代替初步调研、整理报告、优化商业决策，甚至运营业务。

换句话说，你不一定要成为 AI 的开发者，但你一定要成为 AI 的使用者。

AI 的杠杆作用：让普通人获得"不公平优势"

我们来做个设想。

如果你想创业，但你没有导师、没有行业经验，也没有多少资金，你会怎么做？

传统方式可能是：从零开始摸索，自己研究市场、寻找供应链、学习营销方法，先熬过一段痛苦的试错期才能继续前进，甚至可能失败后再重新来过。

但是在 AI 时代，你可以直接利用 AI 来做市场调研，分析竞品策略，甚至让 AI 帮你生成商业计划书；你可以用 AI 帮你优化广告投放，提高营销转化率；你可以用 AI 进行客户服务，提升用户体验……

这就像普通人突然获得了"外挂"——原本需要花几年时间积累的经验，现在通过 AI，几天就能得到答案；原本需要找导师才能获得的商业建议，现在 AI 可以随时给出多维度分析。

这种效率的提升，带来的就是**普通人的弯道超车机会**。

　　AI 不是简单的工具，而是这个时代的"杠杆"。普通人如果想突破自己能力和资源的天花板，就一定要学会用 AI，让它成为你的助力，而不是你的对手。

　　现在的选择，决定了未来的差距。与其等到被淘汰的时候再后悔，不如从今天开始，尝试让 AI 成为你的"隐形合伙人"，去撬动那些本来不属于你的机会。

第二节

如何用 DeepSeek 打开认知，让你聪明 10 倍

之前我们做知识博主时，分享过很多关于成长、自律、学习、思维、改变等认知类的文章和书。

从传统意义上来说，认知的成长往往依赖个人能力的提升，你要多读书、多积累、多思考。

但是到了 AI 时代，这一切都出现了转变的新机会，过去很多需要你进行大量训练和学习才能做到的事，现在交给 AI 后，3 分钟它就能搞定。

比如，过去我们总是担心读书慢，现在 AI 工具花 5 分钟就可以拆解一本书的核心观点，还能根据图书内容与我们互动，启发更多思考。

这就好像手机系统一样，在 AI 时代，我们的认知模式系统，也到该升级的时候了。

为什么说打破认知很难

说到认知，不知道大家有没有发现一个现象：很多人的认

知提升都是通过别人实现的。

比如，我今天听鱼堂主分享了一个新观点，改变了自己对某件事情的认知，明天看了行业专家的一篇文章，颠覆了自己对某个理论的看法，打破了原有的认知。

这里有一个关键问题：为什么我们在仅靠自己的情况下，很难打破认知？

我们总结出 4 个原因。

第一，个人思维局限。

每个人都有自己的局限性，这导致我们只能从自己的习惯的视角去看问题。

因此，当别人站在其他视角为我们提供思路的时候，往往都会带来启发，这个就是关键。自己的思维有局限，他人视角就可以作为补充。

第二，思考的广度和深度不够。

思考就像一张网，有些人只能想到一个点，有些人却能想到整个网络。

思维模式过于单一、思想没有足够的深度和广度的人，提升认知会更困难。

第三，信息过多，失去了焦点。

现在虽然信息获取方便了，但是信息太多，人们难以分辨哪个信息才重要，这个副作用在 AI 时代越来越明显。

面对海量信息，无法快速准确地分辨和筛选对自己有价值的信息，也禁锢了人们认知的提升。

第四，容易凭感觉做判断。

所谓认知，就是对加工后的信息的判断能力。如果我们没有自己的决策依据，只是很随意地做出判断，就很难做出正确的选择，也很难在实践中获得真正的经验，从而突破原有的认知。

那么，如何才能突破这些认知瓶颈呢？

认知突破：用 DeepSeek 帮助自己深度思考

改变认知一定是从思考开始的。当你思考一个问题，或开始自我反省、重新审视一个东西时，这都是思考的过程。

什么叫深度思考呢？就是在看一个问题时，从多个维度去看它，不仅是从表面去分析，更要主动反思自己的思维方式。而所谓的提升认知，本质上就是从更广和更深的角度去看问题。

对自己思考过程的反思，就是突破认知局限的核心。

比如，你遇到一个复杂问题时，可以从以下 3 个方面问问自己。

- 背景：这个问题属于哪些领域（经济、心理、历史等）？
- 原因：这个问题的核心是什么（信息不对称、资源竞争、认知偏差等）？

● 可能路径：我们如何用跨学科思维来分析这个问题（博弈论 + 行为经济学等）？

接下来我再分享一个练习深度思考的方法：学习新概念的时候，用"触点扩展法"把它与其他领域的知识联系起来，形成自己的思维导图。

举个例子，当你学会了"二八法则"，可以想一想它如何与"机会成本"或"资源分配策略"关联，这样可能会触发你对这个法则的全新理解。

以上提到的对自己思考过程的反思，以及"触点扩展法"，仅靠自己可能是很难实现的，但是现在有像 DeepSeek 这样拥有深度思考功能的 AI 辅助，我们就像在思维的大厦中多了一位伙伴。随时分享所思所想，请 AI 一起反思自己的思路是否有误，将会让我们思考的过程更严谨、更高效。

如何用 DeepSeek 帮自己发现认知盲区

认知局限往往源自视角的单一，而 AI 的强大之处，就是能通过跨领域连接，帮你从多个维度来打破认知局限。

假设你想提升自己的沟通能力。很多人可能会认为，想提升沟通能力就要多与人交流，或参加一些培训沟通技巧的课程。但这种做法可能有些片面，因为每个人的沟通风格和习惯都有所不同，单纯地学习理论和练习技巧可能效果有限。

这时，如果你使用 DeepSeek，就会获得另一套答案。

例如，输入"沟通技巧 + 心理学 + 情绪管理"，DeepSeek 就会帮助你结合这几个领域的知识，给出一套更加个性化的成长路径。

我们人类是有思维路径依赖的，即思考问题喜欢用熟悉的解决思路，但是 DeepSeek 没有，它每次思考时应用的都是全新的思维。

下面以 DeepSeek 为例，为大家分享利用 AI 打破认知盲区的 3 个方法。

第一，用 DeepSeek 启动跨学科思考。

比如，我曾在一堂课上提出过"行动场"的概念，即当我们在一个环境中做事形成了习惯，就会在这个环境中形成一个场域，在这里待着就容易进入状态。这个"场"本身是物理学磁场的概念，有些人可能不太容易理解它。

一个人很难掌握那么多学科，也很难突破思维惯性，但是我们只要输入相应指令，DeepSeek 即可调动多个学科的专业知识为我们解答。

第二，快速学习和整合信息。

人类思考的本质就是结合现有情况进行分析，掌握的信息越充分，得出的结果就越准确。

人一辈子能读多少本书呢？不管多少，AI 都可以在短时间内获取几乎全人类的知识。如果在每次思考的过程中，AI 都能结合全人类的知识进行分析，那么不敢想象，它的思考质量有多高。

第三，填补思维盲区。

因为思维的惯性，我们遇到问题会产生比较主观的第一反应。

而如果把你的思考过程发给 DeepSeek，它就可以从更多视角出发，帮你审视你的思维路径中是否有盲区需要填补，这就等于有个高级导师帮你一起思考。

用 AI 让你从"聪明"跨越到"聪明 10 倍"

真正的突破，不仅是知识的积累，更是思维方式的进化。借助 DeepSeek 这样的 AI 模型，我们不仅可以打破认知瓶颈，提升思维的深度，还可以加速思维转型，让自己变得更加聪明。

1. 从碎片化思维到系统化认知

我们都知道，碎片化学习的方法看似聪明，但这样会让人在认识某一领域时停留在表面，思维层次不够深。

长期依靠碎片化学习去获取知识的人，很容易给人一种"知道很多"的假象，但他实际的思维深度和应用能力却很有限。很多时候，我们的认知只局限于自己最熟悉的知识领域，思维也容易陷入惯性。在这种状态下，我们即使不断阅读、学习、积累，也很难突破固有的认知障碍。

而强大的 AI 工具能够帮助我们突破这一瓶颈。以 DeepSeek 为例，与碎片化学习不同，DeepSeek 会将碎片化的信息整合为系统化的知识框架输出给我们，这些知识是更有利于我们学习和理解的系统化知识。而与 DeepSeek 互动的过程，也将有利于我们突破固有偏见，以更适合自己的定制化模式吸收新知。它不仅帮助我们摆脱思维的局限，更通过结构化的信息流引导我们走向更高层次的思考。

举个例子，当你学习经济学时，DeepSeek 不仅会给你提供宏观经济学的核心概念，还会结合行为经济学、心理学等相关领域的知识，为你提供多角度、多层次的分析，帮助你全面理解经济现象。

2. 从静态学习到动态思维的加速

传统的学习方法往往是静态的，比如，我们通过阅读图书或听讲座获取知识，然后把它们储存在脑海中。

尽管知识积累的方式各有千秋，但这种方式往往局限于"填鸭式"的输入，而想要突破认知瓶颈，必须跳出这一模式，进入动态思维的轨道——从固定、孤立、不变的视角，转向灵活、联系、发展的视角。

AI 在这个过程中能够发挥巨大的作用。例如，DeepSeek 通过分析大量资料，结合信息的流动，不仅能帮助你获取知识，更能让你的思维随时调整，从"刻舟求剑"转为"随机应变"。

通过智能分析，DeepSeek 还可以实时向你反馈思维的盲点和逻辑漏洞，帮助你主动反思和挑战自己的假设。这是传统学习方式无法比拟的优势。

3. 快速迭代，跨越认知局限

认知的提升本是一个漫长的过程，但通过 AI 工具，我们可以大大加速这个进程。在传统学习中，我们往往需要花费大量的时间去阅读、总结、思考；而通过 AI 工具，我们就可以缩短获取、挑选有效信息和总结归纳的时间，迅速获取新知识，进而将其与已有的认知框架进行融合和应用。

例如，DeepSeek 的优势在于它不仅能提供准确的信息，还能够根据你的需求和问题进行个性化的定制回答。通过与 DeepSeek 的对话，你可以迅速获取定制化有效信息，并将其应用到实际问题中。而且，它的学习反馈机制将会帮助你持续调整自己的认知，不断改进自己的思维方式。

4. 让 AI 成为认知突破的辅助伙伴

AI 不仅是工具，更是辅助我们的伙伴，它会时刻在你身边，推动你突破思维的舒适区。无论是通过跨学科的多维度思考，还是通过深度的知识分析和反馈，它都能够帮助你看到自己无法察觉的盲点。

它就像一个资深的思维导师，随时帮助你觉察到更深层次的逻辑和你容易忽略的问题，辅助你做出更准确、更有深度的决策。输入一个问题，它就能从更广泛的知识背景出发，给出更有全局观的见解。这种全新的认知模式，将帮助你突破认知局限，实现真正的"聪明 10 倍"的飞跃。

真正的聪明，不仅依赖于知识的积累，还要依赖于多角度的思考、深度的分析和持续的自我更新，等等。

借助 AI，你将打破过去的认知局限，进入一个全新的智慧境界。

第三节

DeepSeek 重构大脑，AI 时代的认知觉醒

在这个信息爆炸的时代，我们的大脑正在承受前所未有的压力。我们每天都被无数的资讯、数据、决策包围，却往往感到思维迟滞、注意力涣散、决策焦虑。而 AI，特别是 DeepSeek 的出现，正在悄然改变这一切。它就像一个认知杠杆，能够帮助我们突破思维局限，提升认知能力，实现更高效的学习与决策。

AI 时代，DeepSeek 如何重构你的大脑

在过去，我们获取知识的方式主要依赖图书、课堂和人际交流。这些方式虽然有效，但存在以下局限：

● **信息筛选困难**：每天大量的新闻、社交消息、研究报告让人应接不暇、信息过载，导致决策困难；

● **单一思维模式**：过去的学习方式强调线性获取知识，导致我们思考问题时常常局限于某个角度，缺乏系统性；

● **学习成本高**：传统学习需要长时间的积累，阅读一本书、掌握一门技能都需要大量的时间投入。

而 DeepSeek 让这一切发生了颠覆性的改变。它不仅能帮助我们高效获取、筛选、分析信息，还能让我们从单一的知识输入转向系统化的认知重构。

1. 从"信息筛选"到"直接思考"，减少无效认知负担

信息时代，我们的大脑常年处于"整理模式"，而不是"思考模式"。我们每天要进行的不是深度学习，而是碎片信息的筛选。

你是否在工作中被无数的会议纪要、邮件、报告淹没？你是否每天都在被新知识、新概念轰炸，但却无暇消化？

DeepSeek 拥有强大的信息过滤能力，能够帮你完成信息整合，让你只关注真正重要的部分。

过去，我写一篇文章需要查阅大量资料，有些是书本，有些是网页文章，甚至还有调研论文，仅仅是把需要的信息整理出来，都需要三四个小时。之后还要再花时间对信息进行分类整理，并结合自己需要的思路把文章架构梳理出来。这样一来，一篇深度文章至少要花三四天时间才能完成。

现在，我只需要告诉 DeepSeek 我的核心问题，并提供研究思路，它就能迅速提炼关键信息，甚至直接生成文章大纲，让我省下大量时间，把精力放在真正的思考和创造上。

写完文章后，以前我只能靠自己校对，难免有逻辑或引用方面的错误，一旦发表就无法修改。而现在，我可以先把文章交给 AI 审核，它会自动核查案例、优化逻辑，我就像拥有了一位 24 小时在线的私人审稿编辑，不仅避免了低级错误，还让内容更精准、更专业。

写作的方式，真的彻底变了。

2. 从"单点思维"到"系统思维"，打破线性思考模式

过去，我们学习新知识时，往往是从单一学科的角度出发，比如学营销就只看营销书，学投资就只看财经资讯。但真正的高手，往往是跨学科思考者。

而 DeepSeek 就能够帮助我们自动关联不同领域的知识，让我们的思考方式从"单点"转向"系统"。

例如，你在运营一家健身房，发现用户续费率下降，想提升续费率。传统做法可能是打折促销，但这只是表面优化，未必有效。

用 DeepSeek 对用户数据进行系统分析后，你会发现，用户流失的关键原因并不是价格过高，而是训练计划缺乏个性化，导致一些用户坚持不下去。

它还会从心理学和市场营销学角度分析，比如数据显示，大多数用户三个月后运动频率下降，如果提供个性化训练方案或使用按次付费模式，可能会提升参与度。

再从竞品策略和经济学角度分析，DeepSeek 建议引入智能健康管理服务，比如结合可穿戴设备提供数据反馈，让用户感受到持续的价值。

最终，它给出的方案不是简单进行打折促销，而是优化服务，让用户真正愿意留下。

过去，我们思考问题时容易局限在单一角度，而 DeepSeek 能从用户行为、心理、市场趋势等多个维度进行分析，找到最佳解决方案，实现更精准的增长。

3. 从"经验判断"到"数据决策"，避免主观偏见

大多数人做决策时，往往依赖于直觉和过往经验。但现实情况是，我们的很多直觉是错误的，经验也可能过时。

DeepSeek 的算法能够基于海量数据，使我们在做决策时避免受到情绪和偏见的影响，真正实现数据驱动，降低决策风险，提高盈利能力。

例如，你是一名电商创业者，准备在"双十一"期间主推一款产品。你以往的经验告诉你，去年卖爆的便携榨汁机今年依然有市场，于是你决定加大采购量，期待再次热卖。

但 DeepSeek 经过数据分析，给出了不同的答案。

通过分析市场趋势，发现今年消费者更倾向于便携搅拌杯，榨汁机的搜索热度比去年下降了30%。

通过分析用户反馈，发现社交平台上有大量用户吐槽便携

榨汁机的清洗不便、使用场景受限，而便携搅拌杯正因"更易清洗、更适合制作代餐"而受欢迎。

通过分析竞品销量，发现便携搅拌杯的预售转化率远高于榨汁机，且多个品牌已经开始抢占市场。

因此，如果只凭经验，你可能会选错产品，囤积滞销库存；但借助 DeepSeek 的数据洞察，你就可以快速调整策略，把资源投入真正有市场需求的产品，让选品决策更加科学。

4. 从"低效学习"到"精准吸收"，实现 10 倍学习效率

过去，我们的学习方式是"先囤知识，再找机会应用"，可很多时候我们学了许多内容，真正能用上的却不到 20%。

DeepSeek 让学习回归最本质的"问答模式"，当你遇到问题时，它能直接提供最精准、最实用的答案，避免不必要的信息浪费。

比如，传统的学习方式是：

第一步，你想学习"如何写出高转化率的销售文案"；

第二步，你找了几本营销书籍，通读 300 多页，花费了两三天时间；

第三步，你从书中提炼出 10 条核心原则，但最终实践时只用上了两三条。

用 DeepSeek 之后的学习方式是：

第一步，你直接问 DeepSeek "如何写一篇高转化的销售

文案"；

第二步，DeepSeek 立刻给你 5 个关键原则，附带案例分析；

第三步，你直接运用这些原则，优化你的销售文案，快速见效。

由此可见，DeepSeek 能让知识获取变得更加精准高效，帮助我们真正做到"所学即所用"。

AI 时代，认知差距才是最大的贫富差距

在 AI 时代，人与人之间的差距不再是资源的差距，而是认知的差距。是否能合理、有效利用 AI 工具，决定了你未来的竞争力。

AI 时代，人与人之间的真正差距

过去，我们常说，人与人之间的差距取决于每个人拥有多少资源，家境、教育、人脉等资源决定了一个人的成长空间。但 AI 时代，这种规则正在被打破。现在，信息、工具、资源对大多数人来说几乎是平等的，每个人都可以接触到先进的 AI 技术。那么，为什么有些人能快速提升自己的认知和能力，而有些人却停滞不前呢？

你怎么看待 AI，决定了你能否抓住这次时代变革带来的机会。

不是 AI 抢走你的饭碗，而是别人用 AI 变得更强

很多人担心 AI 会取代自己的工作，其实更可怕的是，有人已经用 AI 提升了 10 倍的工作效率，而你还在用传统方式一点点做。AI 不是用来取代你的，而是用来帮助你升级的。如果你不用，而别人用了，你们之间的差距就会越拉越大，直到你发现自己已经跟不上时代了。

在 AI 时代，不是比谁更聪明，而是比谁用 AI 用得更好。

认知的差距，比技术的差距更致命

现在 AI 工具这么多，随便上网搜一下，都能找到一堆教程，但为什么很多人依然不会用？原因很简单——他们根本没意识到 AI 可以改变自己的工作方式。

很多人觉得 AI 只是个作用有限的"工具"，偶尔用一下就行，但真正聪明的人，已经在想如何让 AI 融入自己的整个工作流，让 AI 成为自己的一部分。

换句话说，AI 时代，你面对的已经不是你"用不用"的问题，而是**"怎么用"**的问题。就像一部智能手机，有人只拿来打电话，有人却用它做生意、管理团队、创造价值。AI 也是一样，关键是你有没有跳出旧思维，真正把它当作你的"第二大脑"。

未来的竞争，不是努力的比拼，而是认知的升级

很多人还在拼命加班，拼命学习各种课程，试图靠努力来追

赶时代。但在 AI 时代，最重要的不是拼时间，而是拼认知。

如果你还在按老一套的方法做事，那么无论多么努力，你的效率可能都比不上一个熟练使用 AI 的人。过去，一个人一天能写 5000 字，现在，AI 一天能帮你生成 5 万字的初稿；也许你还在手动查资料、整理数据，而 AI 已经帮别人自动完成了大量工作。**这不是努力的问题，而是工具和思维方式的问题。**

未来的世界，不是勤奋的人淘汰懒惰的人，而是认知高的人淘汰认知低的人。

现在不入门，未来的门槛会更高

很多人觉得 AI 发展尚不成熟，想"等普及了再学"。但问题是，等到人人都会用了，你的竞争力又在哪里呢？现在或许正是红利期，你如果学会了，可能就比 90% 的人强；但等大家都学会了，你还想以此来提升竞争力，门槛就高了。

就像 10 年前做自媒体的人，那时他们率先占领了市场，只要随便写点内容就能火，而现在，其他人再想做到他们的水平，就难太多了。同样，**现在是 AI 时代的"窗口期"**，如果你现在不学，未来可能真的要花更多时间、更多成本，才能追上来。

AI 不是只存在于未来，它已经在改变现在了。而你，愿不愿意跟上呢？

第四节

用 DeepSeek 三大核心能力，帮你认知升级

在这个信息爆炸的时代，知识工作者面临着越来越多的挑战：

● **有想法，但不知如何表达**，写作或研究时总是找不到合适的切入点；

● **面对复杂问题，没有清晰的方向**，尽管查阅了大量资料，仍然难以梳理出清晰的思路；

● **需要精准数据支持，但难以获取权威信息**，花费大量时间搜索，却依然找不到可靠的结论。

如果你也面临以上问题，DeepSeek 作为一款 AI 助手，就能够帮助你整理思路、分析问题、精准提取信息，使学习和工作更加高效、系统化。本节为大家介绍 DeepSeek 的三大核心能力。

内容推理——从模糊思考到精准表达

在我们深度学习或创作内容的过程中，常见的问题之一是思维混乱，缺乏清晰的逻辑结构。尽管脑海中有一些零散的想法，但组织成条理清晰的内容仍然需要大量的整理和推敲。

那么，如何利用 DeepSeek 进行高效思考？

构建逻辑框架：用户输入研究主题，DeepSeek 就会提供详细的大纲建议，帮助建立清晰的逻辑结构。例如，针对"AI 在金融行业的应用"这一主题，DeepSeek 就会自动划分出银行、保险、投资等领域，列出关键技术应用，并给出深入的行业分析。

深度分析问题：用户可以对 DeepSeek 提出更具针对性的问题。例如，用户不仅可以查询"AI 在金融行业的应用"，还可以进一步探讨"未来五年 AI 在投资领域的主要技术突破及其对市场的影响"。

优化表达方式：在文章撰写完成后，DeepSeek 还能提供润色建议，确保表达更清晰、专业，同时减少逻辑漏洞，提高整体内容质量。

借助 DeepSeek，用户不仅可以提升思考效率，还能够形成更加精准、深入的观点，使写作和研究工作更具专业性。

数据搜索——从低效查询到精准获取

在信息检索过程中，许多人都会面临以下困境：**搜索结果杂乱，缺乏权威性**，需要花费大量时间甄别信息真伪；**数据更新滞后，难以掌握最新趋势**，传统搜索方式无法满足专业需求；**信息过载，无法快速提炼核心要点**，导致阅读效率低下，影响决策。

而 DeepSeek 的数据搜索功能可以解决这些问题，通过高效提取关键信息，避免我们进行无效搜索，从而提高信息利用率。

那么，如何高效利用 DeepSeek 进行数据搜索？

精准提问：相比在传统搜索引擎中筛选海量网页，用户可以直接对 DeepSeek 提出精确的问题。例如，在研究全球电动车市场发展趋势时，可以直接询问"2023 年全球电动车市场份额排名及各品牌增长率"，DeepSeek 便会整合最新行业报告，直接输出核心数据。

筛选权威来源：DeepSeek 能够自动筛选学术论文、官方统计数据及行业报告，帮用户省去大量时间。

提炼关键信息：对于冗长的研究报告，DeepSeek 可以提取摘要，使用户能够快速抓住重点，无须逐页阅读，提高信息处理效率。

DeepSeek 让数据搜索从"信息收集"变成"知识获取"，确保用户在最短时间内掌握最有价值的内容。

知识调研——从零基础到系统掌握

在进入新领域时，许多人都会经历以下困扰：**信息碎片化，缺乏系统学习路径**，导致学习效率低下；**专业概念晦涩难懂，难以形成清晰认知**，阻碍深入理解；**学习内容庞杂，难以筛选重要信息**，容易迷失方向。

DeepSeek 作为智能化学习助手，可以帮助用户构建完整的知识框架，使复杂的学习过程变得更加清晰、有序。

那么，如何利用 DeepSeek 进行高效学习？

快速建立知识体系：用户可以直接向 DeepSeek 询问某个领域的完整学习路径。例如，在学习人工智能技术时，可以输入"请提供人工智能领域的基础知识框架，包括核心概念、关键技术、行业应用及发展趋势"，DeepSeek 将生成系统化的学习指南，帮助用户快速入门。

通俗化知识解读：对于不好理解的专业概念，DeepSeek 可以提供简明扼要的解释，使复杂知识更易于理解。

推荐权威学习资料：DeepSeek 能够基于用户需求，推荐相关书籍、学术论文或行业报告，确保学习内容的质量和深度。

DeepSeek 不仅是一个搜索工具，更像是一个**智能思维助**

手，能够帮助我们优化学习与工作方式，提升思考深度和决策质量。通过 DeepSeek，我们可以避免盲目学习，真正掌握完整的知识体系，加快专业化进程。

最后，我们再回顾一下 DeepSeek 的三大核心能力：

- **内容推理**：建立清晰的逻辑框架，提升写作和研究能力；

- **数据搜索**：精准提取关键信息，提高信息检索效率；

- **知识调研**：构建系统化的学习路径，让新知识的学习更加高效。

在 AI 时代，人与人之间比拼的已经不是谁掌握的信息更多，而是谁能够更好地利用 AI 处理信息。学会使用 DeepSeek，不仅能够提升个人竞争力，还能在未来的智能化时代抢占先机。

第三章

使用 DeepSeek 的
必备技巧

第一节

深度理解 AI 的类型：工具型与脑力型

在当今这个 AI 飞速发展的时代，越来越多的人开始与 AI 工具互动。但你是否有过以下经历呢？

在向 AI 提问之前，先去百度搜索"怎么让 DeepSeek 听话"，然后字斟句酌地敲下指令，比如："请用分点回答，语言要简洁，最后加一句鸡汤……"是不是特别像在给领导写报告？

但是，当你使用 DeepSeek 时，你会发现这种套路其实行不通。因为 DeepSeek 可不是普通的"答题机器"，而是一个真正会"动脑"的 AI。

工具型 AI 和脑力型 AI

在谈到 AI 时，我们需要区分两种类型：**工具型 AI** 和**脑力型 AI**。理解这一点，将彻底改变你与 AI 互动的方式。

工具型 AI：听话的机器人手下

工具型 AI 就像一个执行力强但有些呆板的机器人，你说一句，它才会动一下。它只会做一些简单、机械的任务，比如翻译一句话，把一段文字缩写成 100 字，查资料或改错别字等。

这类 AI 适合做流水线作业，因为它缺乏思考能力，只能执行明确的指令。

脑力型 AI：你的"野生军师"

与工具型 AI 不同，脑力型 AI 堪称"野生军师"。这种 AI 能像一个真正的顾问一样，帮助你进行复杂的决策。但有一个重点：**它需要你讲清楚背景故事**，而不是单纯发指令。

例如，你问："我有 10 万元存款，想辞职单干，但担心没有收入怎么办？" DeepSeek 就可以通过进一步的对话分析，给你量身定制的建议。

再如，你问："如何开一人公司？" AI 可能会反问你："你现在存款多少？敢不敢三个月没有收入？你是想追求财富自由，还是想暴富？"因为这些问题的答案才是它帮你做决策的关键。

一人公司实战：提问

接下来，让我们看一个实际案例：假设你刚刚踏入创业领域，准备成立一人公司。

错误的小白式提问是："告诉我开一人公司的流程。"

DeepSeek 的回答可能会是教你注册公司、报税、开银行账户等，给出类似于百科知识一样的基本信息，但这些并没有提供实际帮助。

而一个有经验的创业者会这样提问："我的现状是，存款 6 万元，怕亏光；每天能连续工作 4 小时；会写文案但接不到单，求个稳赚不赔的小生意。"

DeepSeek 收到这个问题后，就会迅速提供个性化建议。它会直接"毙掉"要注册公司的方案，因为你的本金不足以支撑一个传统公司；它可能会建议你采取"技能 + 信息差"的创业模式，例如给县城餐馆写美团点评；它可能还会教你如何用 AI 批量生成文案，让你 1 小时就能完成 1 天的工作量。

用好 DeepSeek 的秘诀：三个野路子心法

想用好 DeepSeek，有三个**野路子心法**，它们将帮助你事半功倍，避免掉入常见的误区。

1. 先说"人话"，而不是装腔作势

DeepSeek 的强大在于它能读懂人类日常语言，理解真实的需求。所以，千万别装腔作势说"请提供轻资产创业方案"，而应该直接说"我现在穷得叮当响，怎么空手套白狼"。这

样实在、直接的提问方式，能帮助 AI 为你提供更切合实际的建议。

2. 暴露弱点比装完美更有效

AI 更喜欢真实的你，而不是你理想中的"完美"形象。别说"我要做行业颠覆者"，而是直接说"我就想躺着赚点买菜钱"。暴露你的真实需求，AI 才能为你制定最合适的策略。

3. 让 AI 替你试错

不要害怕让 AI 帮你试错。例如，可以把"帮我写公众号文案"改成"这是我写的卖货文案，阅读量太糟糕，客户觉得太正经了，怎么改成抖音风"，AI 不仅会帮你优化文案，还能根据你的反馈不断调整策略。

DeepSeek 的突出优势不仅在于它能提供"快速响应"的答案，还在于它能像一个真正的商业顾问一样，基于你的具体情况和需求，提供个性化的建议和方案。你不再需要依赖传统的商业咨询公司，因为你已经拥有了一个 24 小时随时待命的 AI 合伙人。

第二节

与 AI 沟通的效率革命：从书面到口语

在当今科技飞速发展的时代，以 DeepSeek 为代表的 AI 工具已经逐渐融入我们的生活，但我们真的用对 AI 了吗？

事实上，很多人在与 DeepSeek 互动时，仍然保持着一种"石器时代"的交互方式。试想一下，如果你向朋友咨询创业建议时，用一种极为书面的语言说："请分三步说明，如何用 10 万元成立一人公司？要求回答包含风险评估。"朋友大概率会觉得你已经被工作"折磨"得失去了正常的交流能力。然而，**今天有高达 80% 的用户仍然以这种方式与 DeepSeek 对话，精心雕琢语言，反复修改指令，力求措辞严谨**。这种做法本质上是在用搜索引擎的逻辑来驱动一个本应更智能的工具。

打字与口语：效率革命的两极

其实，打字和口语这两种交互方式，背后隐藏着一场被我们忽视的效率革命。我通过自己的经验发现：普通人打字的速度是每分钟 50 ~ 80 字，而说话的速度是每分钟 120 ~ 150 字，大概是打字速度的两倍。

在打字时，我们会不自觉地过滤掉一些"不重要的细节"，但这些细节往往是 DeepSeek 推理的关键线索。**而在口语交流时，那些看似随口说出的"废话"，反而成了 DeepSeek 能够理解问题上下文的关键。**

我们来看一个典型的案例：假设一位设计师想要转型为自由职业者，纠结是否要注册公司。

如果用户采用书面式交流，输入："成立设计类一人公司需要哪些条件？"

DeepSeek 可能只会给出简单的注册资本要求、办公场地、税务登记等通用信息，但并不能为用户提供实际的帮助。

而如果用户采用口语化交流，提问："我做了 8 年平面设计，最近老客户问我能不能独立接单。听说注册公司很麻烦，而且我现在存款只有 15 万，怕接不到单子饿死……"

这时，DeepSeek 可能就会进行深度的追问与建议：

追问需求："您更在意法律合规性，还是初期成本控制？"

风险提示："如果前三个月零收入，15 万元存款能否覆盖生活和社保支出？"

灵活方案："建议先用个人身份签约，利用电子合同平台规避风险，等月收入稳定在 3 万元以上，再考虑注册公司优化税务。"

在这种口语交流中，"存款焦虑""经验年限"等看似与注册公司不相关的细节，实际上成了 DeepSeek 给出精准风险对冲策略的关键因素。

三个"说人话"的实操心法

要让 DeepSeek 发挥最大的潜力，**我们需要学会用更自然、更口语化的方式与它互动**。以下是三个实操心法，帮助你打破传统沟通障碍，激发 DeepSeek 的真正能力。

心法 1：用抱怨代替提问

书面式提问往往过于正式，DeepSeek 很难从中提炼出核心痛点。比如，"如何提高一人公司利润率"这样的提问就过于宏观了。相反，如果用口语化的方式表达："气死了！最近接了个项目，甲方拼命压价，算下来时薪还没打工高……"DeepSeek 反而更容易解析出你的核心痛点，如议价能力不足、成本结构不合理或缺乏差异化价值，从而给出更精准的解决方案。

心法 2：允许自己"说半句话"

有时候我们想表达一个复杂的需求，但由于思维没有完全理顺，就容易陷入低效表达。比如，你可能会输入："我需要一个结合短视频和本地生活的轻资产创业方案。"但其实这样问比较混乱，DeepSeek 可能无法给出精准的回答。

相反，**更高效的提问方式是："我想做餐饮相关的行业，但完全不懂做饭。对了，现在抖音上那个……"**

这种半句话式的表达，能够让 DeepSeek 结合餐饮、短视频、无专业技能等元素，推导出可行的创业方向，比如"探店达人孵化"这样的个性化方案。

心法 3：把 DeepSeek 当"杠精朋友"

在与 DeepSeek 交流时，不妨把它当成一个"杠精朋友"，让它帮助你识别潜在的风险。当你说完"我觉得做知识付费肯定能成"之后，可以要求 DeepSeek："你现在是我的竞争对手，请找出我的计划里最可能崩盘的三个点。"

这种对抗性对话能帮助你从不同角度看待问题，发现你潜意识中忽略的风险盲区。

为什么口语化交流能激发 DeepSeek 的真正潜力

从技术的角度来看，主流的 DeepSeek 大模型，其训练数据中的书面语和口语的语料比例约为 $3:7$。这意味着 DeepSeek 在处理自然语言时，更擅长理解"人类自然的表达逻辑"。当我们追求精准的书面表达时，反而是在迫使 DeepSeek 进入它不擅长的领域。换句话说，**口语化交流相当于在给**

DeepSeek 提供更多"舒适区"的空间，让它发挥出更大的潜力。

从商业角度来看，使用口语化交流与 DeepSeek 互动，就相当于获得了一个"24 小时在线的头脑风暴伙伴"。那些看似零碎的"语言碎片"，经过 DeepSeek 的思考和整合后，实际上能够帮助我们绘制商业地图的坐标点，为我们提供全方位的策略指导。

以下是几个口语化提问的行动建议。

降维实验：提问前先用手机录音，将你的疑问用自言自语的形式说出来，再将内容转化为文字发送给 DeepSeek。你会惊讶于这种自然对话带来的效率提升。

破冰话术：开场用"我最近遇到件头疼的事……"替代"请回答以下问题"。这种方式能够帮助你和 DeepSeek 迅速进入有效对话状态，从而获得更个性化的建议。

压力测试：当 DeepSeek 给出建议后，追问它："如果我现在只有 5000 元，这个方案哪里会先崩盘？"这种反向思考能帮助你识别潜在的风险和问题。

与其拘泥于书面表达，不如用更自然、更贴近生活的方式与 DeepSeek 交流。通过这种口语化的对话，你将能激发 DeepSeek 的真正潜力，避免陷入低效的沟通困境，提升解决问题的速度和质量。

第三节

破解 DeepSeek 的"思考黑箱"：如何避免被 AI 误导

作为一个强大的 AI 工具，DeepSeek 能够为用户提供各种各样的答案，但有时候这些答案可能会误导你。不过，DeepSeek 的"深度思考"推理过程能够帮助你避开这些陷阱。

场景一：副业选择的深度推理

小琳是一位忙碌的上班族，想利用下班时间做副业，便直接问 DeepSeek："现在做什么副业最赚钱？"但她得到的答案是自媒体、电商、知识付费等，和她在搜索引擎中搜索出来的结果并没有太大区别。

然而，当小琳使用 DeepSeek 的"深度思考"模式后，AI 展示的推理过程让她恍然大悟。根据某副业调查报告，78% 的人每月做副业赚的钱不到 3000 元，而赚钱比较多的那 22% 的人集中在帮人省时间（知识付费）、帮人花时间（短视频）和帮人省钱（电商）的领域。但 DeepSeek 没有仅仅停留在这些数据上，而是进一步考虑到小琳的具体情况——她每天只有 2 小时的空余时间，而且并没有什么特殊技能。

于是，DeepSeek 的深度推理给出了一个更合适的方案："建议您做'帮人省事'的副业，比如帮邻居代购超市打折菜。"这比盲目选择需要投入大量时间去学习的短视频领域要合适得多。

场景二：房产投资的深度分析

当小李询问"现在该买房吗"时，DeepSeek 直接给出了"现在是买房的好时机"的观点。但小李如果仅凭这一句就贸然行动，可能会背负沉重的财务压力。DeepSeek 在深度思考的过程中指出，AI 参考的房价数据是 2021 年的，而当下的政策已经发生变化；同时它假设了小李的收入会稳定增长，但实际上，小李所在企业可能正在进行裁员。

通过这一系列的推理，DeepSeek 帮助小李及时刹车，建议小李"租房 + 定投指数基金"，以减少风险。

破解 AI 思维的三步法：避免被误导

第一步：像查错题本一样检查 AI

当你提问时，不仅要关注答案本身，**还要关注 DeepSeek 给出答案时的推理过程。**

思考步骤中考虑了哪些因素（比如时间、技能）？排除了哪些选项（比如为什么不做摆摊）？这些方案中最大的风险是什么？

比如，小明在询问 DeepSeek 关于副业的建议时，发现它推荐自己"做早餐配送"是因为它假设他早上 5 点能起床（但他其实是熬夜党），且假设他家附近有批发市场（实际上他住在郊区）。于是，他及时调整了方案，选择了"办公室下午茶团购"这个副业，方式是通过小程序接单。这样不仅能够保证小明副业的可行性，还能让他睡到自然醒。

第二步：找出"跳跃式结论"

当你看到 DeepSeek 给出的推理结论时，**要时刻保持怀疑的态度**。

例如，当它推理出"很多人做短视频失败，因此你应该选择图文写作"时，立刻追问："等等！你怎么从'别人失败'跳到'我该写作'的？是不是忽略了其他可能性？"

DeepSeek 可能就会给出其他建议："确实，如果你擅长面对面沟通，做社区团购可能更适合。"

这种反向思维能够帮助你识别 AI 思维中的"跳跃性"结论，并找到更适合自己的解决方案。

第三步：让 DeepSeek 自己反驳自己

要最大化 DeepSeek 的潜力，不妨**让它站在自己的对立面，**

深究潜在的风险。

你可以给 DeepSeek 输入这样的指令："现在假设你是我的毒舌朋友，用最狠的话吐槽刚才你给我的建议。"

通过这种方式，你会得到一个比较清醒的反馈，比如："刚才推荐你做自媒体，根本忽略了你有镜头恐惧症！不如先把小红书当作朋友圈，逐步克服你的尴尬癌！"

这种反向推理，能够帮助你避免盲目跟从 AI 的建议，从而找到更适合自己的路径。

高效使用 DeepSeek 的实践清单

第一，**提问必看推理过程**：每次提问时，都要检查 DeepSeek 的推理过程，看看有没有错误的推理环节。

第二，**重点检查三处**：有没有乱猜测你的情况（比如默认你懂设计）；有没有采用过时信息（比如引用三年前的数据）；有没有忽略你的致命弱点（比如社交恐惧症）。

第三，**定期复盘训练**：每周花 10 分钟，挑选一条 DeepSeek 的建议进行"解剖"。回顾当初为什么信了这个建议，现在看思考过程，思考在哪里踩了坑。可以做个小测试，把 DeepSeek 当成一位"嘴硬的学生"，让它解释"为什么第一步推导用 A 数据而不是 B 数据"。

由此可见，DeepSeek 不仅是一个能答疑解惑的工具，它的

"深度思考"推理过程还能够帮助我们识别潜在的误区和风险。通过用更加精确和全面的提问方式与 DeepSeek 互动，你将能获得更加个性化、有效的建议，避免掉入那些看似合理却潜藏风险的陷阱。

第四节

破解DeepSeek的"黑话"：如何让AI说"人话"

当我们遇到问题时，很多人都习惯向 DeepSeek 求助。然而，对于很多新手来说，它给出的某些回答常常让人抓狂。

比如，新手问 DeepSeek "如何提升小红书流量"，得到的回答可能是："需优化 CTR 指标，结合 UGC 生态构建用户心智，同步迭代 POI 标签渗透率……"这些看似合理的词语，却让人感觉像在读天书——每个字都认识，可连起来却完全不明白是什么意思。其实，这并不是你的错，而是 DeepSeek 默认了你是一个专家，使用了一堆"高深莫测"的术语，让你崩溃。因此，我们要学会用"咒语"去调教它。

三种让人崩溃的 AI 话术模式及破解法

我们把一些 DeepSeek 给出的令人崩溃的答案分为三种类型："黑话"模式、抽象模式、"学霸"模式。这三种模式下的回答未必是错误的，却并不是我们想要的，比如，它会输出太多专业术语和模糊的概念等。针对这些"症状"，我们可以用相应的"咒语"来破解，使其重新输出"人话版"的回答。以下是一些示例。

1. 应对充满"高冷"术语的"黑话"模式

症状：当你问"如何提高我的小红书流量"时，DeepSeek 回复"需建立 OMO 闭环，提升 LTV 并降低 CAC……"。

破解咒语：直接对 DeepSeek 说"请用菜市场卖土豆的大妈能听懂的话解释"。

人话版回答："让你家线上线下生意互相带客，赚回头钱比拉新客更重要。"

2. 应对疯狂输出模糊概念的抽象模式

症状：当你问"我很内向，如何赚钱"时，DeepSeek 回复"通过去中心化叙事赋能个体价值……"。

破解咒语：要求 DeepSeek 举个具体例子，问它"我想在家做副业，你建议我做啥"。

人话版回答："你教邻居做蛋糕，收材料费，这比开抖音直播更适合内向的人。"

3. 应对充满专业术语的"学霸模式"

症状：当你问"如何提高我的小公司利润"时，DeepSeek 回复"根据科特勒 STP 理论，应聚焦下沉市场长尾需求……"。

破解咒语：打断 DeepSeek，让它"别用课本术语！直接告诉我第一步做什么"。

人话版回答："先帮小区里的人们解决最头疼的事，在微信群接单代跑腿。"

魔法指令：让 DeepSeek 秒变"人话翻译器"

想要 DeepSeek 说出"人话"，下面这些魔法指令可以帮到你。

指令 1：绑定身份标签

错误提问："什么是流量池？"

魔法指令："假设我是刚毕业的大学生，卖过奶茶但没做过线上生意，请用摆摊经历中的元素比喻流量池。"

人话版回答："流量池就像你常去的夜市，如果熟客够多，就算下雨天也有人来买奶茶。"

指令 2：场景具象化

错误提问："如何提高用户黏性？"

魔法指令："如果我开的是社区文具店，怎样才能让小学生每天都想来？"

人话版回答："在柜台放抽奖箱，每天前 10 名结账的顾客可以抽奥特曼卡片。"

指令 3：限制知识水平

错误提问："帮我分析理财产品风险。"

魔法指令："用教幼儿园小朋友数糖果的方式，说明这个理财可能会如何亏钱。"

人话版回答："如果你把买冰激凌的钱借给小明开店，可能发生：小明店倒闭了（本金亏损）；小明赖账不还（暴雷风险）；你要等两年才能拿回钱（流动性差）。"

实际操作：如何将 DeepSeek 的"黑话"翻译成"人话"

案例 1：副业选择

错误提问："请给我一个轻资产创业方案。"

DeepSeek 回答："构建 DTC 品牌，通过 KOC 种草实现 GMV 增长……"

魔法指令："结合我的实际情况，我本金不够，只想赚点小钱。"

人话版回答："在小区微信群卖应季水果，让邻居拼团到水果店自提，赚差价不用囤货。"

案例 2：健身计划

错误提问："帮我制定增肌计划。"

DeepSeek 回答："采用线性周期化训练，配合碳水循环和 BCAA 补充……"

魔法指令："我是个每天加班到晚上 10 点的上班族，只有哑铃。"

人话版回答："睡前做 3 组哑铃深蹲，早餐多加两个鸡蛋。"

立刻能用的人话改造工具箱

魔法后缀：在所有问题后加一句强调的话。比如："用小学生能听懂的话解释。""举个真实的例子，比如我现在想……""不要用专业名词！最多用三个步骤说明。"

紧急救援：当看到 AI 开始用术语时，直接打断："停！请用小学生能理解的话重说一遍。"

自查清单：这句话里有没有你不认识的词？这个建议是不是太抽象没法执行？换作楼下便利店老板，他会怎么做？

让 DeepSeek 说"人话"，就是这么简单！

综上所述，虽说 DeepSeek 能够提供许多实用的建议，但要确保它给出的内容符合你的实际需求，就必须学会用简单、清晰的语言和它对话。通过掌握"人话改造"技巧，我们就可以轻松把 DeepSeek 的"黑话"翻译成容易理解的语言，避免受复杂术语和抽象概念困扰，从而获得更有价值、实用的建议。

第四章

用 DeepSeek 打造
一人公司

第一节

用 DeepSeek 搭建一人公司的全流程

一人公司从零到可持续盈利的完整路径

在 AI 时代，越来越多的人开始探索一人公司模式。这种模式不依赖大规模团队，而是通过个人品牌、数字产品和智能化工具，实现收入增长和职业自由。

然而，如何从零开始，找到适合自己的商业模式？如何打造稳定的盈利路径？如何让个人能力在 AI 的加持下放大10 倍？

以 DeepSeek 为代表的 AI 工具能够提供一种全新的解决方案，帮助你高效搭建一人公司。从市场调研、产品打造到用户增长，它能让创业变得更加智能化、高效化。

第一步：找到你的价值点，精准定位市场需求

一人公司能否成功，取决于你是否能提供有价值的产品或

服务。因此，第一步是找到你的核心竞争力，以及市场真正的需求。

如何用 DeepSeek 进行市场调研？

● **分析行业趋势**：输入"目前最具增长潜力的数字产品赛道"，DeepSeek 会提供各行业的发展趋势和机会点。

● **挖掘用户痛点**：输入"自媒体创业者在变现过程中遇到的最大挑战"，DeepSeek 会整理用户的常见需求，帮助你找到最有潜力的商业切入点。

● **评估个人优势**：输入"如何结合 AI 和个人能力打造一人公司"，DeepSeek 会梳理你的技能，并分析如何将其与 AI 结合，帮助你实现商业化转化。

例如，如果你擅长写作，DeepSeek 可能会建议你尝试"使用 AI 进行内容创作"，提供高效写作、选题策划、社群变现等策略；而如果你熟悉营销，DeepSeek 可能会帮你拆解"AI 驱动的增长黑客"模式，帮助你优化转化率。

通过 DeepSeek 的分析，你就可以找到市场需求和个人优势的交集，确定一人公司的核心业务方向。

第二步：打造可落地的产品，快速验证市场需求

确定方向后，不要一开始就花大量时间打磨产品，追求完美，而是尽快推出**最小可行产品**（Minimum Viable Product,

MVP），用市场反馈优化产品。

如何用 DeepSeek 设计 MVP？

- **生成产品大纲**：输入"请帮我设计一个关于'如何高效阅读'的线上课程框架"，DeepSeek 会拆解课程内容，帮你梳理结构。

- **优化产品形式**：输入"知识博主可以提供哪些高价值数字产品"，DeepSeek 会推荐电子书、课程、咨询、社群等不同变现方式，帮助你找到最合适的切入点。

- **收集市场反馈**：发布 MVP 后，可以让 DeepSeek 分析用户反馈，输入"请整理用户对我线上课程的评价，并提出优化建议"，DeepSeek 会帮你识别改进方向。

例如，如果你打算做一门"用 AI 助力写作"的课程，DeepSeek 就可以帮你梳理课程大纲，提供案例分析，甚至生成课程文案。你可以先发布一个短期训练营，观察用户反应，再决定是否进一步扩展内容。

这样，你不仅能低成本启动，还能在有市场验证的基础上迭代产品，提高成功率。

第三步：找到第一个付费用户，实现商业闭环

无论产品多么优秀，如果没有用户愿意买单，就无法形成真正的商业模式。因此，关键是如何找到第一批愿意为你提供

的价值买单的人。

如何用 DeepSeek 获取精准客户？

● **描绘用户画像**：输入"请分析 AI 生产力工具的目标用户群体"，DeepSeek 会帮你锁定核心用户群，明确他们的需求、购买理由和使用场景。

● **优化营销内容**：输入"请生成一个适用于小红书的'用 AI 助力写作'推广文案"，DeepSeek 会结合平台特点，帮你生成高转化率的内容。

● **制定推广策略**：输入"请帮我制定一个适合独立知识创作者的冷启动增长策略"，DeepSeek 会提供社群裂变、内容营销、短视频推广等方案。

例如，如果你想提供 AI 写作培训，DeepSeek 就可以帮你定位潜在用户（如自媒体人、文字工作者、营销人），并生成不同渠道的推广方案，包括知乎文章、小红书种草、社群分享等，让你精准触达第一批客户。

找到第一个付费用户，意味着你的产品真正具备了市场价值，这将为未来的增长奠定基础。

第四步：复制商业闭环，实现持续增长

当你有了第一个客户，接下来的任务就是让这一模式可以复制，让业务实现持续增长。

如何用 DeepSeek 复制成功模式？

● **优化用户体验**：输入"如何提高知识产品的用户留存率"，DeepSeek 会提供关于社群运营、客户服务、个性化推荐的优化方案。

● **扩大流量渠道**：输入"请推荐适合独立创作者的 5 种流量增长策略"，DeepSeek 会整合搜索引擎优化、短视频、自媒体等增长路径，帮你找到最佳渠道。

● **构建自动化流程**：输入"如何用 AI 辅助运营个人品牌？"DeepSeek 会帮你优化内容生产、营销推广、用户互动的辅助工具，提高效率。

例如，如果你发现 AI 写作课的用户转化率不高，你可以让 DeepSeek 生成相关主题的短视频，扩大曝光；也可以让 DeepSeek 生成营销文案，提高复购率；还可以让 DeepSeek 帮你优化课程的常见问题解答，减少售后咨询成本。

这样，你就能将一人公司的模式从"个体努力"转变为"系统化运营"，逐步实现长期稳定的增长。

用 AI 放大个体价值，打造真正的智能化一人公司

过去，个人创业需要大量资源、团队支持，但 AI 工具让一切变得更加轻量、高效。一人公司不再意味着孤军奋战，而是意味着你可以借助 AI 工具搭建一个"智能化团队"，让你可以把时间和精力投入最核心的创造工作。

AI 不仅是一个工具，更是你的市场分析师、产品策划师、营销顾问。它让一人公司模式不只是"个人努力"，而是"AI 赋能"。

在 AI 时代，每个人都有机会拥有一家智能化的一人公司，那么，你是否愿意抓住这个机会，让 AI 工具成为你的商业杠杆呢？

第二节

如何让 AI 做你的自媒体知识库

在当下的自媒体时代，持续且稳定地输出高质量内容是打造个人品牌的关键所在。然而，众多创作者都面临着一些相似的难题。

● **灵感枯竭**：每日都需产出新内容，却常常陷入无话可讲的境地，创作难以为继。

● **知识管理混乱**：虽然存储了大量文章、视频及图书笔记，可在急需的时候，却很难找到关键内容。

● **效率低下**：每次撰写文章、制作短视频或策划社群分享内容时，都得从头开始搜索、整理资料，耗费大量时间。

● **输出质量不稳定**：因为没有构建内容体系，主题显得零散，逻辑不够清晰，难以形成深度影响力。

从前，我们借助传统方式进行知识管理，比如手写笔记、创建文件夹分类，或是使用书签收藏网页等。但随着信息量呈爆炸式增长，这些方式逐渐暴露出诸多弊端。

而如今，**AI 正改变着这一切**。借助 AI，我们能够搭建智能化的个人知识库，让学习、存储、检索、整合及输出内容变得更为高效，进而实现知识的有效管理与内容的持续产出。

本节将围绕"AI+IP（个人品牌）"的思维模式，详细剖析如何构建属于自己的 AI 自媒体知识库，并通过 ima（腾讯推出的 AI 智能平台）来进行知识管理（存、找、用、合），助力你构建长期可持续的内容体系，实现高效创作。

为何要借助 AI 搭建自媒体知识库

1. 传统知识管理方式的局限

设想这样一个场景，你身为一名职场博主，每日都要输出有关时间管理、职场沟通、职业发展等主题的内容。为此，你每天都要在互联网上搜索资料，阅读相关文章，观看行业专家的视频，期望提炼出有价值的信息。然而，真正着手写作时，你可能会遭遇以下状况。

● **资料零散，缺乏系统性**：花费大量时间查资料，得到的信息却杂乱无章，难以形成清晰结构。

● **依赖大脑记忆，容易遗忘**：虽然收藏了很多文章与研究报告，可真正需要时，却记不起存放在哪里，只能重新翻阅整理。

● **重复劳动，效率低下**：每次创作都要重新收集与梳理资料，相同主题内容无法快速复用，工作量成倍增加。

这些问题极大地制约了你的生产力，使得内容输出缺乏连贯性，长期这样下去，你的自媒体账号可能会因主题不连贯、内容质量不稳定等原因，难以产生深度影响力。

2. AI 赋能的知识管理体系

如果你拥有一个系统化的 AI 知识库，上述问题将迎刃而解。你能够随时从知识库中提取关键信息，迅速整理成文章、短视频脚本、社群干货等不同形式的内容。更为关键的是，AI 还能帮助你优化内容结构，提升写作效率，实现从"零散搜集"向"智能管理"的转变，最终形成高效的知识闭环。

搭建 AI 知识库的核心目标在于以下四点。

- **随时存储**：记录有价值的信息，防止信息丢失。
- **随时查找**：无须记住存放位置，精准检索内容。
- **随时应用**：可迅速将知识转化为创作素材。
- **随时整合**：整合内容，形成有逻辑的内容体系。

通过 AI 与知识库的结合，普通人也能轻松构建自己的内容生产系统，实现高效学习与持续创作，为个人品牌赋能。

运用 ima 打造高效 AI 知识库

ima 平台为我们提供了一种系统化的解决方案，能够让 AI 成为你的"知识助理"，协助你实现真正的系统化知识积累与内容高效输出。

1. 存：打造个人知识库，随手记录有价值的信息

我们习惯手动收藏网页、在笔记软件中创建文件夹，或截图保存内容。但久而久之，许多珍贵资料被遗忘在文件夹中，难以再次利用。

但借助 ima 平台，我们可以将需要用到的文件上传到"个人知识库"，让知识存储更智能化。在"个人知识库"这个模块中，AI 不仅能协助我们记录关键信息，还能自动分类、提炼要点，确保知识随时可供调用。

2. 找：精准检索，快速定位知识点

从前，当我们需要用到某个文件时，往往要在多个文件夹中反复翻阅，甚至在不同存储平台间来回切换。与能够高效存储文件的知识库相比，这种方式既低效，又容易遗漏关键信息。

借助 ima 平台，我们在拥有了"个人知识库"以后，只要向 AI 直接提问，它就能快速从知识库中提取相关内容并整理，让查找过程变得更为简便。

3. 用：随时调用知识，高效创作内容

若知识存储后无法有效调用，即便积累再多，也只是信息的堆砌，无法切实提升内容创作效率。而有了可以智能调用的知识库后，我们就能真正做到"学以致用"，将知识转化为高质量的内容输出。

4. 合：整合知识，形成个人独特观点

真正有价值的内容创作，并非简单的复制与搬运，而是通过知识整合与深度思考，形成自己的体系化认知。AI 能够帮助你整合不同知识点，使你输出的内容更具独特性。

如何借助 AI 高效积累知识，快速打造个人品牌

在信息爆炸的时代，许多人都面临着相同的问题：获取的知识很丰富，却无法有效整理与应用；了解了许多内容，却难以形成自己的知识体系；每天都在搜集新资料，却难以将其转化为真正的能力。

但倘若采用正确方法，我们甚至能够在短时间内积累 10 年的知识，并将其高效转化为可输出的内容。借助 AI 的力量，我们就能够加快学习进程，系统化管理知识，优化输出效率。

第一步：选择一个领域，建立深度积累

很多人学习时习惯"东一榔头西一棒槌"，今天研究职场成长，明天学习短视频运营，后天又钻研理财……看似学了不少知识，却因缺乏聚焦导致知识零散，难以形成体系。

要想高效积累知识，你就需要在某个具体的领域持续深耕。例如：

- **营销文案**——学习如何撰写高转化率的广告与内容；
- **读书方法**——探索如何高效阅读并提取关键信息；

- **IP 定位**——研究如何打造个人品牌并提升影响力；
- **短视频运营**——钻研如何策划、剪辑、优化短视频内容。

为何要聚焦？因为知识具有层次性，你只有深入研究某个领域，才能真正掌握核心知识，并逐步构建自己的知识体系。如果只是不断收集碎片信息，你就无法形成可持续输出的内容框架。

第二步：搭建"三大核心知识库"

在选定的领域内，你需要建立以下三个核心知识库。

知识点拆解——让概念清晰化：无论学习哪个领域，都可从核心概念入手，将整个领域拆解为系统化的知识点。例如：

- **IP 打造**——什么是 IP？品牌的核心组成部分有哪些？如何增强个人品牌影响力？
- **短视频运营**——怎样提高短视频完播率？不同平台的推荐机制是什么？
- **营销文案**——怎样撰写吸引人的标题？如何激发用户的购买冲动？文案的转化关键点在哪？

你可以借助 AI 拆解任一领域的知识点。比如，输入指令"请帮我拆解'短视频运营'的核心知识点，并归类整理"，AI 就会自动生成详细的知识体系，让你更有针对性地学习，而非盲目查找信息。

基础方法模型库——让知识变得可执行：仅掌握概念还不够，我们还要应用配套的方法论，才能将知识转化为可执行的方案。例如：

- **读书领域**——主题阅读法、笔记模型、速读技巧；
- **自媒体领域**——选题模型、写作框架、涨粉策略；
- **职场成长**——时间管理、沟通技巧、思维模型。

方法论是让你"学得快、用得上"的关键。你可以让 AI 总结行业内常用的模型，比如输入"请帮我整理 5 种常见的高效写作模型，并提供适用场景"，你便能在 AI 的帮助下快速掌握并应用高效的方法论，避免自己长时间摸索。

实战案例库——用真实案例提升实战能力：大多数人最欠缺的并非理论，而是对真实案例的拆解能力。通过分析成功案例，我们能够学习优秀内容的输出逻辑，快速提升实战能力。

你可以建立一个案例库，专门收集各行业的成功案例。例如：

- **个人品牌**——下面这几位成功博主是如何运营账号的？他们的内容策略是什么？
- **营销文案**——这几个经典广告文案是如何打动人心的？高转化率的文案写作关键点有哪些？
- **短视频运营**——哪些短视频播放量最高？它们的策划思路是什么？

你还可以让 AI 帮你拆解案例，比如输入"请分析 3 个成功的个人品牌案例，并总结它们的运营策略"，通过拆解大量案例，你就能够培养自己对行业的敏感度，形成自己的实战经验。

第三步：通过高频实战，将知识积累转化为能力

仅仅学习和存储知识是不够的，真正的知识积累需要通过将拆解、练习和复盘结合起来才能完成。

拆解——每天拆解 5 个领域内知识点：设定目标，每天拆解 5 个知识点，快速掌握行业关键内容。例如，若研究"短视频运营"，可按以下顺序进行：

- 第一天，分析抖音热门短视频的爆款规律；
- 第二天，拆解爆款视频的标题；
- 第三天，研究短视频的文案框架；
- 第四天，研究短视频的拍摄手法；
- 第五天，分析不同平台的短视频运营逻辑。

通过每天拆解 5 个知识点，可迅速建立对一个领域的系统认知。

练习——每天使用 1 个知识点，将其应用到实战中：学到的知识如果不运用，很快便会被遗忘。最好的学习方式是立即应用，例如：

- 学到一个短视频剪辑技巧，立刻用它剪辑一条视频；

- 学到一个营销文案技巧，立刻把它用在朋友圈文案中；
- 学到一个沟通技巧，在接下来开会时就找机会应用。

研究任何学习方法，都不如真正去实践有意义，只有实际运用知识才能有切实体会。即便有些知识暂时用不上，也可先输出给他人，让知识在自己身上"过一遍"，这样才能真正消化吸收。

复盘——反复跑流程，快速形成知识闭环：仅学一次是不够的，要不断优化，将知识沉淀为可随时调用的能力。遵循"学习、应用、复盘、改进、再次应用"的流程。

比如，学习"如何写吸引人的标题"这个技巧后，应用效果不佳，可以这样复盘：是否选错了目标用户？是否使用了低效的表达方式？是否缺少数据支撑？然后不断调整优化，最终形成最适合自己的方法论。

第四步：让知识快速变现

知识变现并非简单的赚钱，而是运用知识取得成果后，获得反馈，并持续优化。

先拿简单可执行的方法测试。例如，学了一个短视频剪辑技巧之后，可以先制作几个短视频，观察效果；读了一本营销书之后，可直接应用书中策略，测试一下效果。

把实践中的经验沉淀成知识产品。将你的方法论整理成课程、电子书、社群干货，或者让 AI 协助你优化课程结构，生成可复用的知识体系。

把知识积累分阶段提升。人在学习的过程中，会经历新手期、入门期和专家期这三个阶段，每个阶段都会有不同收获。

新手期——先学习核心概念，再不断输入和练习；

入门期——深挖细分领域，形成知识体系；

专家期——创造自己的方法论，指导他人。

过去，知识积累需要多年沉淀。但如今，借助 AI 和系统化方法，我们能够在短时间内完成高效的知识积累，并实现持续输出，让个人品牌影响力不断提升。

第三节

如何用 AI 跑通第一个赚钱的项目

在当今的数字时代，想通过自媒体赚钱的人越来越多，但真正能够跑通商业模式的却寥寥无几。许多人开始是凭兴趣做内容，结果越做越迷茫，最终不了了之。

如果只是出于兴趣，我们是不需要有结果的，但如果想靠这个赚钱，则必须实现商业闭环。比如，如果你只是热爱读书，沉浸在自己的阅读世界里，这就只是一种个人兴趣；但如果你想成为一个能靠读书赚钱的博主，就必须跳出个人兴趣的圈子，去思考如何让你的知识变现，让你的内容能给他人带来实际价值。

AI 的出现，让普通人更容易进入自媒体行业。你不需要成为专家，也不需要从头摸索一套完整的商业模式，只要学会使用 AI 工具，你就可以快速搭建一个知识型项目，并且逐步实现盈利。

本章将以 AI 读书项目为例，讲解如何用 AI 工具高效整理信息、搭建产品、吸引用户，最终形成一个可持续的盈利项目。

第一步：从"AI 工具人"开始，提供价值

在创业初期，你需要的不是"品牌"，也不是"影响力"，而是一个能够解决实际问题的工具。人们愿意为价值买单，而不是为你的个人兴趣买单。

所以，第一步是借助 AI 做一个"工具人"，为用户提供价值。具体做法如下。

用 AI 提供解读图书的服务，帮用户节约时间

许多人喜欢读书，但真正能坚持读书的人并不多。你可以用 AI 生成图书摘要、解读图书核心要点，帮读者快速掌握一本书的精华内容。例如：

- 用 AI 生成 5 分钟的"图书精华"，让读者不需要阅读全书，就能理解书中的核心观点；
- 用 AI 生成"关键金句摘录"，让读者可以快速收藏最有价值的知识点。

用 AI 做书单、片单推荐

很多人不知道该读什么书、看什么电影，你可以用 AI 帮他们筛选。例如：

- 做主题书单，比如"10 本提升个人效率的书"，或是

"10 本值得一看的商业图书";

- 做片单推荐，比如"5 部能让你重新思考人生的电影";
- 做 AI 个性化书单，让用户说出自己的兴趣，AI 就可以自动匹配适合他们的图书。

用 AI 帮用户整理学习资料

你可以根据用户的类型提供不同服务。例如：

- 如果用户需要考研资料，你可以用 AI 帮他们整理考研笔记；
- 如果用户想学习使用 DeepSeek，你可以用 AI 帮他们整理与 DeepSeek 相关的学习资料；
- 如果用户想要一份完整的行业报告，你可以用 AI 帮他们整理数据。

用 AI 拆解图书，整合书中要点

你可以以不同的形式优化用户的阅读体验，例如：

- 每天分享一本书的知识点精华总结；
- 提供 AI 生成的思维导图，帮助用户快速理解图书内容逻辑；
- 输出 AI 图书解读的短视频，吸引不喜欢阅读大段文字的用户。

通过这些方式，你就可以先站稳脚跟，形成自己的初步影响力，同时也为后续的个人能力产品化做准备。

第二步：从"信息差"到"产品化"，建立商业模式

自媒体的本质是关于"信息差"的生意。

大多数人不愿意花时间搜索、整理、筛选信息，而你可以用 AI 把这些信息快速整合，然后转化为用户可直接消费的产品。

把常见问题和答案整理成文章

许多人遇到的问题，其实网上已经有答案，但他们没有时间查找。例如，如何用 AI 提升学习效率？如何用 AI 进行时间管理？如何用 AI 进行内容创作？

你可以借助 AI 搜索各大平台的内容，获取答案后，筛选、整理出对用户有帮助的部分，将自己对这些内容的认识和观点表达出来，再借助 AI 输出，最终整理成高质量的文章。这些文章既可以用来吸引粉丝，也可以作为你未来产品内容的一部分。

把一本书的内容精华整理成书评

现在有很多读书博主靠解读图书赚钱，你也可以做类似的事情。比如，你可以用 AI 整理图书的核心内容，形成高质量的书评，发布在不同的平台上，如公众号、小红书、知乎等。

把个人经验整理成攻略

你自己的经验其实也是一种"信息差"的产物。你可以将

自己实践过的事情整理出来。例如，如何快速阅读一本书？如何在 30 天内打造一个个人品牌？如何用 AI 搭建一个自动化赚钱项目？这些攻略不仅能吸引读者，还可以成为你的课程或社群内容的一部分。

第三步：产品化，形成自己的商业闭环

参与别人的项目，从"打工"入行

如果你一开始没有资源，也不知道如何变现，你可以先加入别人的项目，比如帮他们运营社群、提供内容、整理资料。通过这样的方式，你可以快速学习商业模式，同时累积自己的经验。

训练自己筛选书的能力，做书单社群

你可以每天推荐一本书，帮助社群成员筛选最适合他们阅读的内容，从而逐渐形成一个付费社群。

把提升读书能力做成课程，教别人如何高效阅读

如何用 AI 提高阅读效率？如何用 AI 整理读书笔记？如何用 AI 生成图书摘要？这些内容都可以做成一个完整的课程。

把解读能力变成读书会，把影响力变成项目

比如，你可以建立一个付费读书社群，每周带大家解读一本书。也可以提供图书解读服务，让用户可以花更少时间获取知识。

第四步：如何跑通自己的第一个赚钱项目

想要变现，就需要跑通完整的闭环。我们还是以读书领域为例，详细给大家拆解一下具体步骤。

第一步，确定主题：找到一个你能提供，且需求明确的主题，比如"如何用 AI 高效阅读"。

第二步，列出要点：比如，把话题拆分成 50 个关键词，每个关键词对应一个细分问题。

第三步，确定模板框架：把关键词归类，分成五六个大模块，每个模块下设 10 个知识点。

第四步，把知识点写成文章：把每个关键词写成一篇 1000 字左右的干货文章，发布到相应的平台。

第五步，把文章变成课程：将 50 篇文章整理成 5 万字的专栏或课程，再上传到相应的平台。

第六步，制作海报，开始引流：建一个微信群，通过免费分享课程的部分内容，吸引用户。

第七步，做分销和社群：用户购买课程即送 AI 读书成长社群产品，以此来鼓励用户帮你推广。

第八步，早期课程重销量，不计较利润：先让销量提升起来，让自己有可展示的商业案例。

第九步，不断用课程引流私域：基于第一批用户的需求，推出升级版课程，建立私域流量池。

第十步，围绕私域用户研发产品：如建立社群、训练营、会员群，甚至出版图书，实现长期变现。

在 AI 时代，赚钱的方式变得更加简单了——只要学会用 AI 工具，你就可以快速搭建出一个赚钱项目。

最重要的是，不要只是"学会使用 AI"，而是要利用 AI 去创造实际的商业价值。当你完成了第一个项目，你就能复制经验，不断优化，最终形成自己的商业体系。

第四节

用 AI 重塑自媒体创作生态——从"写作"到"调教"

在当今数字化时代，自媒体已经成为信息传播的重要渠道。然而，随着 AI 技术的飞速发展，自媒体市场正经历着前所未有的变革。这种变革不仅仅是技术层面的革新，更是对整个创作生态的颠覆。

自媒体的创作者通过内容创作来吸引人们的注意力，进而将流量转化为客户，最终实现产品销售。因此在过去，内容创作主要依赖于创作者的个人写作能力，这种创作模式不仅耗时耗力，而且对创作者的文学素养和市场敏感度有着极高的要求。然而，如今这种传统的创作模式正在被 AI 改变。

AI 与自媒体创作的融合

如今，越来越多的创作者开始借助 AI 的力量进行内容创作。这种"AI+ 自媒体"的模式不仅提高了创作效率，还极大地降低了创作门槛。甚至连本书也在创作过程中大量结合了

AI 技术。接下来，我将和大家分享如何利用 AI 实现更高效、更高质量的创作。

在深入探讨之前，我想先提出一个可能颠覆大家认知的观点：在未来，自媒体创作可能不再需要创作者亲自写作。原因很简单，那就是大多数人的写作能力并不足以在竞争激烈的市场中脱颖而出，如果要显著提升写作能力，可能需要花费一两年的时间，而大多数人是无法承受这种时间成本的。

然而，AI 的出现改变了这一切。AI 生成内容的质量已经能够达到 60 分的水平，甚至比大多数人创作出的内容质量还要高。这意味着，未来自媒体创作者之间的竞争将不再是写作能力的比拼，而是看谁能更好地调教 AI，将其输出的内容从 60 分提升到 80 分甚至更高。

AI 助力创作的关键环节

选题：内容创作的起点

在自媒体创作中，选题是决定内容能否吸引流量的关键因素。过去，创作者需要花费大量时间浏览各个网站，寻找热门话题和灵感；但如今，AI 就可以帮助我们快速锁定热门选题。例如，你可以简单地向 AI 发出指令："我要写一篇公众号文章，但我不知道要写什么，你帮我找找市面上最热门的选题。"通过这样的指令，AI 就能够迅速分析当前市场趋势，为你提供有价值的选题方向。

内容生成：从口语到文字的转化

找到选题后，你可以用口述的方式向 AI 输出自己的观点，能讲多少就讲多少，然后，让 AI 根据你的思路生成一篇 2000 字左右的文章。AI 生成的初稿质量可能一般，但这就是调教的起点。

调教 AI：提升内容质量的关键

AI 生成的初稿质量通常只能达到 60 分的水平，接下来就需要创作者通过调教来提升文章质量。这个过程可能需要 5 次以上的调整。以下是一些常见的调教指令。

- **"你的文章写得不够具体，要更加具体。"** 一篇高质量的文章需要有详细的阐述和具体的细节，而不是泛泛而谈。通过这个指令，AI 会尝试增加更多具体的信息和数据，让文章更具说服力。

- **"你的文章缺少例子，需要更多的例子。"** 举例子是增强文章可读性和可信度的重要手段。通过这个指令，AI 会在文章中加入更多相关的案例，帮助读者更好地理解内容。

- **"你的文章 AI 味太重，参考这篇文章的风格。"** AI 生成的文章有时会显得机械或缺乏个性。可以提供一个参考风格，比如某位知名作者的写作风格，让 AI 尝试模仿，使文章更符合市场审美。

● **"你的文章写得太浅显了，要深刻一点。"** 如果文章的观点不够深入，可以通过这个指令让 AI 重新梳理逻辑，挖掘更深层次的内容，提升文章的思想深度。

● **"你的文章开头不够吸引人，开头的写作方式要符合市面上的爆款文章。"** 一个吸引人的开头是抓住读者注意力的关键。通过这个指令，AI 会尝试用更有趣、更引人入胜的方式重新撰写开头，增加文章的吸引力。

通过这些指令，创作者可以不断与 AI 交流，逐步提升文章质量。虽然早期使用这种方式可能会比较耗费时间，甚至比自己写作还要花更多的时间，但一旦你掌握了调教 AI 的技巧，创作效率将大幅提升，文章质量也会越来越高。

AI 赋能自媒体的矩阵玩法

在自媒体领域，"自媒体矩阵"一直是一种高效的流量获取策略。过去，这种方法主要被机构采用，因为他们拥有大量账号和人力资源，能够通过大量产出内容来获取平台流量。然而，如今借助 AI，个体创作者也可以实现类似的效果。

要知道，平台分配流量不仅看内容质量，还看创作者的输出量。有时候，获取流量的关键不在于内容是否完美，而在于创作者是否足够"努力"。借助 AI，创作者就可以同时运营多个账号，产出大量内容，从而增加流量获取的机会。同时，创作者还可以借此机会不断提升写作能力，进一步提高所发布内容的质量。

AI 创作的未来与挑战

尽管 AI 为自媒体创作带来了巨大的便利，但我们也要认识到，AI 并非万能。AI 生成的内容虽然可以达到一定的质量水平，但仍然需要创作者的精心调教和优化。此外，随着 AI 的普及，市场上可能会出现大量同质化的内容，创作者需要在调教 AI 的过程中，更加注重内容的独特性和创新性。

在未来，自媒体创作者的核心竞争力将不再是写作能力，而是对 AI 的调教能力以及对市场的敏锐洞察力。创作者需要学会更好地利用 AI 工具，同时保持独立思考和创新精神，才能在竞争激烈的自媒体市场中脱颖而出。

在未来的自媒体创作中，AI 将成为创作者不可或缺的助手。但创作者的智慧和创造力仍然是核心。只有将 AI 技术与人类的智慧相结合，我们才能创造出真正有价值、有影响力的内容，赢得市场的认可和读者的喜爱。

第五节

AI 赋能销售：从内容创作到客户转化

当我们用 AI 创作大量内容，成功获取客户后，接下来最重要的环节就是打造产品和销售产品。打造一款优质的产品并不容易，需要投入大量的时间和精力，因此我通常建议大家先从分销别人的产品开始。在这一节，我们先讲讲如何利用 AI 销售产品。

为什么从分销开始

在销售领域，尤其是对于新手来说，分销是一个非常理想的起点。分销意味着你不需要从零开始打造产品，而是销售那些已经经过市场验证的产品。这种方式不仅可以降低风险，还能让你更快地掌握销售技巧。通过分销，你可以专注于学习如何触达客户、如何与客户沟通以及如何促成交易。在未来，无论你是继续分销还是打造自己的产品，这些技能都是非常宝贵的。

朋友圈：私域流量的核心战场

在销售环节中，朋友圈是一人公司重要的落脚点之一，因为微信私域能够让我们更轻松地触达用户。如果你对这部分内容感到困惑，不妨回顾一下鱼堂主与阿猫合著的第一本书《一人公司》，我们在书中详细探讨了私域流量的价值和运营方法。

虽然朋友圈是触达用户较为简单的方式之一，但是否有效，关键在于你的朋友圈文案是否足够吸引人。过去，我们可能需要专门学习朋友圈文案课程，现在有了 AI，这一切便都变得非常简单了。

AI 如何助力朋友圈文案创作

你只需要在豆包 App 中搜索"朋友圈文案"，就能找到大量专门用于创作朋友圈文案的 AI 智能体，这些智能体可以帮助你轻松生成高质量的朋友圈文案。接下来，你需要做的只有两个动作：一是将产品信息发送给 AI；二是告诉 AI 你想要的文案风格。

例如，假设我要销售一款名为"觉醒创富社"的社群产品，定价 199 元，社群内主要组织 100 天写作活动。我只需要输入产品基本信息，并告诉 AI："我想要一个简单的朋友圈文案，帮我生成 10 条文案。"

AI 就会根据我的需求生成 10 条不重复的文案。如果对 AI 生成的文案不满意，我还可以像调教文章一样，逐步优化文案，直到达到满意的效果，然后发布到朋友圈用于销售。

AI 文案调教：从 60 分到 80 分的进阶

虽然 AI 生成的文案已经能够达到一个不错的水平，但要真正打动客户，还需要进一步优化。以下是一些调教 AI 文案的建议。

- **"能不能加一些幽默感，让文案更有趣？"** 幽默感可以降低客户的防备心理，让文案更有趣、更吸引人。
- **"参考一下这种风格，让文案更有个性。"** 如果你有喜欢的文案风格，比如某个知名品牌的文案，可以让 AI 模仿这种风格，让文案更符合你的品牌形象。
- **"能不能更突出产品的核心卖点？"** 有时候 AI 生成的文案会让人抓不住重点，你可以要求它更聚焦于产品的核心优势，比如价格优势、功能优势或服务优势。

谈单环节：AI 销售助手的登场

假设你的朋友圈文案已经成功吸引了潜在客户的关注，他们就会开始私信你咨询产品详情。这种"谈单"的过程并不容易，需要强大的销售技巧。

　　然而，有了 AI 的帮助，我们就可以轻松生成一个销售助手 AI 智能体。你只需要将产品信息输入这个 AI 智能体中，它就能帮助你高效地回复客户咨询。

　　例如，当客户问"你们这个产品主要是干什么的"时，你可以将这个问题交给 AI 销售助手，它会直接为你生成回复内容，你再将回复内容发送给客户。AI 的优势就在于它不仅了解你的产品，还能通过预设的销售策略，立即提供更具说服力的回答。

AI 销售助手的强大功能

　　不仅如此，对于一些通用型问题，AI 的回答都会更加出色。因为在设定 AI 时，你可以明确指出"你是销冠"。这样一来，当客户提出诸如"你的产品太贵了"这样的问题时，AI 的回复就会非常精彩。它不仅能解释产品的价值，还能巧妙地化解客户的顾虑。

　　例如，当客户说"你们的产品太贵了"时，AI 会这样回复："亲，我们的产品虽然价格稍高，但性价比超高哦！我们提供的是 100 天的全程陪伴式写作指导，每天都有专业老师点评，还有社群支持和一对一辅导，这些都是其他产品无法提供的。而且，我们已经有很多学员通过这个活动实现了写作变现，真的物超所值呢！"这样的话术不仅回答了客户的问题，还进一步强调了产品的价值。

对 AI 销售助手的未来展望

有了 AI 销售助手，你就再也不用担心客户咨询产品时无从回答。而且，AI 的回复速度更快、质量更高、效果更好。

当然，现在 AI 的普及度依旧不够高，很多人并不知道对话界面中回复他的是不是 AI。未来，当我们的客户也都会用 AI 的时候，他或许也会在讨价还价时使用 AI，那就是 AI 和 AI 之间的战斗了。到那时，谁能更好地调教 AI，谁就能在销售领域占据优势。

总之，AI 不仅改变了内容创作的方式，还极大地提升了销售效率。通过 AI，你可以轻松生成高质量的朋友圈文案，还能借助 AI 销售助手高效地与客户沟通。未来，AI 将成为销售领域不可或缺的工具，而掌握 AI 调教能力的人，将会在竞争中脱颖而出。

第五章

钢铁侠同款智能管家上线！让 AI 成为你的 24 小时全能助手

第一节

用好 AI 助理，必须要有老板心态

在创作这本书的当下，AI 正处于飞速普及的进程之中。不过，它尚未真正达到全民应用的程度。毕竟，人们对新鲜事物需要一定时间去适应与磨合。这情形，恰似智能手机初登舞台之际。那时，许多人未能迅速跟上节奏，依旧执着于使用老式手机，用键盘打字。

智能手机新颖的触摸式操作，对于习惯了用传统键盘输入的人们而言，是一种挑战。很多人担心自己无法熟练掌握新的操作方法，或者觉得旧设备仍能满足基本需求，便没有急切地更换。同样，如今 AI 虽在快速发展，但仍有部分人对其望而却步，或是因不熟悉操作而迟迟没有行动，或是尚未意识到 AI 的巨大潜力。

可以预见，未来 AI 也将和智能手机一样，悄无声息却又深刻地渗透到我们生活的每一个角落，成为我们生活中习以为常的存在。在不远的将来，我们每个人都极有可能拥有专属的

AI 私人助理。这个助理将如影随形，协助我们处理生活与工作中的各类事务，让我们的生活更加便捷高效。

倘若当你读到此处时，这样的场景仍未成为现实，那么恭喜你！这意味着你在对于 AI 的认知与实践方面，已经领先了大多数人。在这一章中，我们将毫无保留地向大家分享如何巧妙地让 AI 成为自己的"全能助手"，从而全方位提升生活质量和效率，加速认知的更新迭代。

在正式开始本章内容之前，有必要和大家探讨一个问题：既然 AI 具备帮助我们实现诸多事务的强大能力，为何在实际生活中，我们却不一定能真切感受到它的价值呢？

首先，缺乏实际业务需求是一个关键因素。以我们两人自身为例，我们从事自媒体业务，内容创作是其中极为核心的工作环节。对于自媒体创作者而言，AI 在辅助内容生成、素材收集、数据分析等方面，都能发挥巨大作用。

但假设你并非从事自媒体行业，而是一名普通上班族，且老板并未要求你借助 AI 进行工作流程优化，那么在这种情况下，你可能确实难以察觉到 AI 的价值所在。这也正是我们创作这本书的初衷之一。当你尝试把自己看作一家独立的公司，以经营公司的视角审视自身工作与生活时，便更容易发现 AI 在提升效率、拓展业务等方面的价值。

其次，大多数人缺乏一种"让别人干活"的心态，往往热衷于亲力亲为。毕竟，让他人为自己工作，通常需要付出相应的成本，就如同老板支付工资让员工干活一样。然而，使用 AI 却截然不同，此时你摇身一变成了"老板"，AI 就是你的"员工"。能否充分发挥 AI 的优势，很大程度上取决于你这个"老板"的心态是否足够强大。

这种"老板心态"并非简单的指挥他人做事，而是要懂得合理分配任务，充分信任"员工"的能力。很多人在面对 AI 时，总是心存疑虑，不敢将重要任务交付给它，依旧习惯自己包揽一切。只有当我们克服这种心理障碍，以积极的心态去接纳并运用 AI 时，才能真正挖掘出它的潜力。

在实际使用 AI 的过程中，我们常常能看到这样的场景：很多人在与 AI 交流时，仅仅问了几句，一旦发现 AI 的回答并非完全符合预期，便迅速得出"AI 不过如此"的结论，进而轻易放弃使用 AI。这就好比在招聘员工时，应聘者只回答了几个简单的问题，表现得中规中矩，还没真正开始工作，老板便直接将其拒之门外。这种做法本质上反映出使用者缺乏强大的"老板心态"，或者他从内心深处并不愿意承担起"老板"的角色。

若你想让 AI 为你创造价值，就必须给予它充分的机会去展示能力。一次简单的问答交流，远远无法让 AI 展现出全部实力。我们需要深入探索它的功能，精心设计问题，逐步引导它给出更优质的答案，就如同老板耐心地引导新员工，让其在工作中不断成长、发挥出最大价值。只有如此，我们才能真正用好 AI，让它成为助力我们生活与工作的得力助手。

最后，很多人并不善于发现那些可以外包出去的事务。比如，当我们的时间很紧张时，就不必亲自打扫屋子，而是可以将这项工作外包给家政人员。原因很简单，有些人将时间投入其他工作中所产生的价值，可能远高于将时间用于打扫屋子。

而现实中，很多人在面对类似情况时，明明知晓有 AI 这样强大的工具可以助力，却选择了继续沿用传统、低效的方式。他们宁愿在繁重的工作中疲惫不堪，也不愿花费时间去学习如何运用 AI，更别提耐心地调整和优化 AI 的使用方法了。这本质上是一种偷懒行为，看似在战术上勤奋努力，一刻不停地忙碌工作，实则在战略上极为懒惰，不愿主动寻求更高效的工具和方法来解放自己，提升整体效率。

同样，在日常生活里也有许多类似的事务，如购物清单的整理、简单的数据录入、行程安排的规划等，我们都可以尝试交给 AI 来完成。当我们学会合理地将这些琐碎事务外包给 AI 时，自己就能腾出更多宝贵时间，去专注于那些更具价值和创造性的工作。

在不断探索与实践的过程中，我们会逐步探索出构建属于自己的 AI 助理的方法。

第二节

把 AI 当作超级助理，效率提高 10 倍

接下来，我们要向各位隆重介绍一款之前已经反复提及的，潜力巨大却被严重低估的 AI 软件——豆包 App。在我们的日常生活与工作中，它能成为无可替代的超级助手，全方位帮我们排忧解难，极大地提升工作效率与生活质量。

AI 智能体堪称豆包 App 的一大核心亮点，它们就如同专门为每个人精心打造的贴身 AI 员工，能完美契合用户自身业务的多元需求。为了让大家对其有更直观、深入的认识，我们来详细讲讲那些适合日常使用的"得力员工"。

先来深度剖析一下 AI 智能体的优势。它切实解决了一个我们在使用 AI 过程中频繁遭遇的关键痛点。就拿常见的文章修改场景来说，以往若想借助 AI 之力优化文章，每次都得郑重其事地输入"帮我修改文章"这样的指令，操作看似简单，实则平白增添了一道烦琐步骤。

并且，在实际工作与生活里，我们常常面临大量相似的场

景。比如，在进行自媒体内容的创作时，不仅要频繁修改文章，还需要对图片进行处理、生成社交媒体文案等，如果每次都重复输入冗长的起始指令，时间一长，这种重复性操作不仅耗时费力，还极易让人产生厌烦情绪。

正因如此，能满足这一特定需求的 AI 智能体顺势诞生，完美化解了这一难题。比如，为了提升写作效率，你可以精心创建一个专门用于润色文章的智能体。在创建过程中，你可以依据自己的写作风格偏好、目标受众特点等因素，提前细致设定好描述指令，比如要求语言风格更加生动活泼、逻辑结构更加严谨清晰等。

此后，每当完成一篇文章初稿，只需轻松将其"扔"给这个智能体，它就能瞬间读懂你的意图，按照预设风格自动完成修改，输出一篇语言精练、风格鲜明的优质文章。从撰写格式严谨的长篇博文，到创作趣味横生的公众号短文，这个智能体都能精准拿捏，游刃有余，让你的写作效率实现质的飞跃。

不仅在写作领域，在其他诸多方面，AI 智能体同样也能大显身手。在设计工作中，你可以创建专门的海报设计智能体。只要把海报主题、风格倾向、所需元素等关键信息告知它，它就能迅速生成多套创意十足、视觉效果出众的海报设计方案，兼顾色彩搭配、排版布局、图形元素运用等各个细节，为你节省大量在设计软件中反复摸索、尝试的时间。

在学习方面，知识总结智能体将会成为你的学习利器。每当你阅读完一本厚厚的专业书或者一篇晦涩难懂的学术论文，只要将关键段落发送给它，它便能凭借强大的算法，快速提炼出核心要点，用简洁明了的语言进行总结，甚至还能以思维导图的形式呈现，帮助你在短时间内梳理清楚复杂的知识体系，让学习变得更加高效、轻松。

那么，如此神奇的 AI 智能体该如何创建呢？其实操作过程简单得超乎你的想象。你只需打开豆包 App，在主界面就能找到"AI 智能体"的选项，点击进入，就可以看到"创建 AI 智能体"的按钮。

在这里，你可以根据自己的实际需求，详细填写智能体的功能描述、指令要求、风格偏好等信息，整个过程就如同在手机上填写一份简单的调查问卷，不需要任何专业技术知识。

完成信息填写后，轻点"确认创建"，不出几秒，一个专属于你的个性化 AI 智能体就诞生了。如此低的创建门槛，让每一个人都能轻松拥有自己的 AI 助理，尽情享受 AI 带来的便捷与高效，所以，千万别被"AI 智能体"这个看似高深莫测的词吓住，大胆尝试，你会发现一个全新的高效世界正为你敞开大门。

接下来我们再提供几个比较实用的 AI 智能体给大家参考。

助理 1 号：口语写作

很多人有这样的习惯，一旦脑海中闪现出新想法，就立刻掏出手机或是打开电脑记录下来，生怕灵感转瞬即逝。为了能更高效地打字记录，还有人会专门购置一台笔记本电脑随身携带。毕竟在很多人看来，电脑打字的速度可比手机打字快多了。

但现在有了口语写作功能，为了随时记录想法和梳理思绪而随身携带笔记本电脑就没有必要了。只要打开手机上的口语写作智能体，轻轻按住相关按钮，尽情说出自己的想法，你就可以获得一段流畅的文字。口语写作智能体不仅能把你说的话快速转化成文字，还会自动优化内容，既便捷又高效。

就拿我自己之前的经历举例，有次在外出时，灵感突然来了，可我没带笔记本电脑，当时急得不行，只能先在手机备忘录里简单记几个要点，想着回家再用电脑详细整理。但这么一折腾，很多细节和当时一闪而过的灵感后来就都忘了。现在可不一样，不管是在街上、车里，还是在其他任何地方，只要有想法，我们就可以拿出手机，通过口语写作功能将其迅速、完整地记录下来，文字还能得到即时优化，大大提升了我们捕捉灵感和处理文字的效率（见图 5-1）。

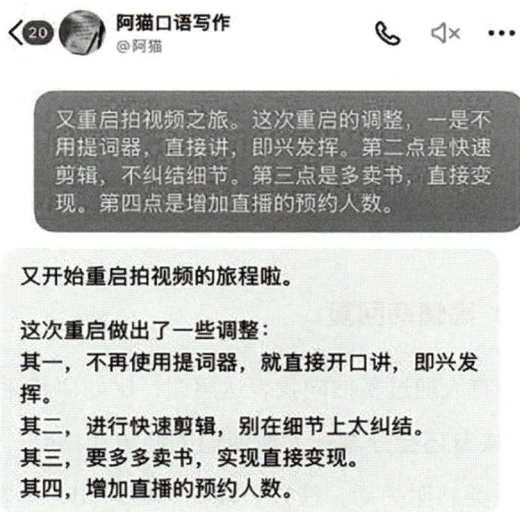

图 5-1

助理 2 号：为文章添加固定开头和结尾

如今，我每天雷打不动地坚持写日课。日课的开头得清楚注明是第几天，还要简要概括当日日课的内容；结尾则要提醒大家查看往期日课。以往，我得手动打开文件，费好大劲找到之前的相关内容，进行复制粘贴操作，将相应文字分别添加到开头和结尾，弄好之后才能发送到群里。

现在可方便多了，我只要把准备好的内容直接发给这个智能体，它马上就能返还给我一个已经添加好开头和结尾的文本，我拿到手就能直接用。

比如今天是日课的第 100 天，今日内容是分享读书心得，我就会把心得内容发给智能体，它很快就会生成开头"第 100 天，今日和大家分享读书过程中的感悟与收获"和结尾"大家记得查看往期日课，获取更多精彩内容"，然后我就能直接把完整的日课内容分享给大家了。

助理 3 号：高情商回复

经常会有人通过私信向我表达感谢，比如"感谢阿猫对我的帮助"，接着还会分享一大段他们的经历和感受。可我不太擅长应对这类感谢的话，往往只能简单回一句"不客气"，听起来特别冷淡，同时我也觉得只回答这个不太合适。

现在有了"高情商回复"AI 智能体，就轻松多了。我只要把别人对我的感谢内容转发给它，它马上就能帮我生成各种风格的回应，我直接复制粘贴就行（见图 5-2）。比如，要是对方很真挚地感谢我，它可能会生成"能帮到你我特别开心，看到你现在发展得这么好，我也跟着高兴呢，希望以后咱们还能一起进步"这样温暖又亲切的回复。有了这个智能体，我就再也不用担心自己的回应不够得体了。

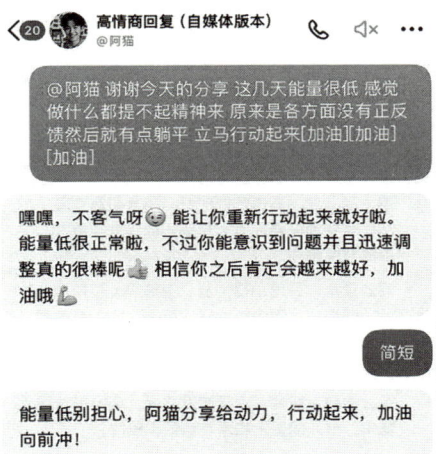

图 5-2

助理 4 号：智能买菜

最近我的家里请了家政阿姨帮忙做饭，可每天早上我都得发愁买什么菜。以前，我都是在小红书上搜索菜谱找灵感。但在小红书上找菜谱有个麻烦事，就是需要自己去琢磨荤素搭配。

现在简单了，我直接让我创建的"阿猫买菜"AI 智能体推荐几个荤素搭配合理的菜，照着做就行（见图 5-3）。我还会跟这个智能体讲讲自己的口味偏好，比如，我跟它说喜欢清淡口味，它就会推荐类似"清炒时蔬、清蒸鲈鱼、虾仁冬瓜汤"这样营养均衡的菜品，我按照菜谱去买菜，既能满足口味需求，又保证了营养，特别省心。

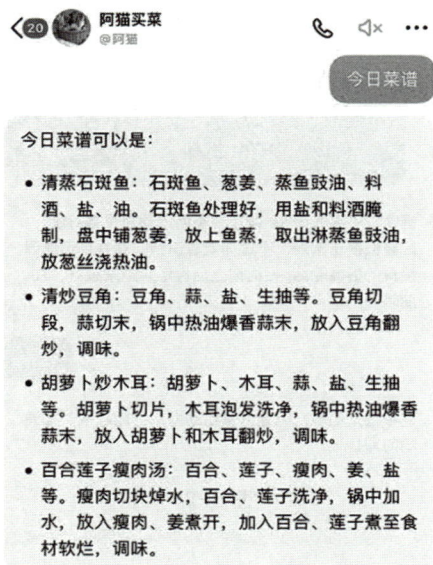

图 5-3

助理 5 号：智能秘书

以前，我面对一堆事情要做的时候，就会打开备忘录，一个字一个字地打字列清单，然后按照清单去执行。

现在，我都用我创建的"阿猫秘书"AI 智能体。我只要打开它，把要做的事情跟它讲清楚，它马上就能帮我总结好接下来要做的事；要是中途又想起一件事情，比如跟它说"我多了一件事，要去取快递"，它立刻就能把取快递这件事添加到清单里；要是我完成了一件事，比如跟它说"我已经完成了洗衣服这件事"，它也会马上把洗衣服从清单里划掉。用这种口语输出的方式，可比打字记录快多了，特别方便（见图 5-4）。

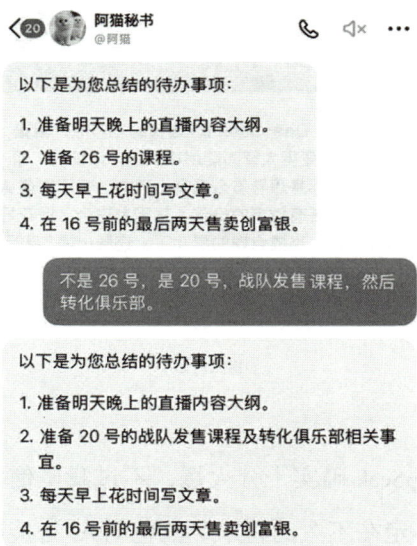

图 5-4

助理 6 号：让文案变成大白话

以前碰到一些晦涩难懂的话，我可能就懒得去钻研了，直接略过。现在不一样，我有了"文案大白话"AI 智能体。只要把难懂的话丢给它，不用特意交代什么，它马上就能给出一段简单直白、容易理解的表述（见图 5-5），这么一来，学习和理解各种难懂的内容就变得轻松多了。

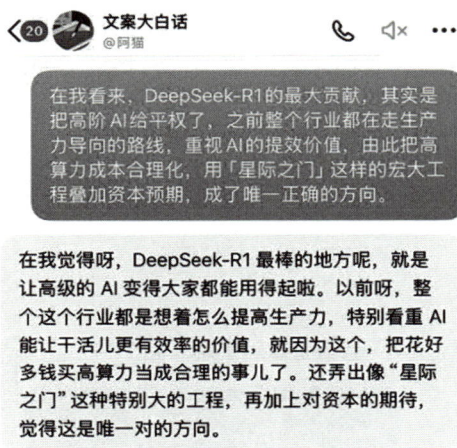

图 5-5

　　当下 DeepSeek 确实十分火爆，不过我坚信，在这本书出版之后，说不定在不久的将来，豆包的 AI 智能体也会迎来属于它的高光时刻，成为大众生活中不可或缺的一部分。

　　届时，或许人人手中都会拥有几个得力的 AI 助理，就如同钢铁侠拥有贾维斯那般，曾经只存在于科幻作品中的场景，也极有可能成为现实。

第三节

把 AI 当作生活顾问，优化生活方式

我们在第一本书《一人公司》中主要探讨了商业能力的诸多方面，像流量获取、营销策略、产品开发等。然而，一个真正的"一人公司"，绝不仅仅是商业能力的集合，它还应该涵盖个人生活的方方面面。比如，理财规划、健康管理、情绪调节等，这些领域同样至关重要。而如今，我们完全可以借助 AI 这一强大工具，来帮助我们优化和提升这些生活领域的体验，让我们在追求商业成功的同时，也能拥有一个更加平衡、丰富多彩的人生。

把 DeepSeek 当成理财顾问

我从大学毕业后就一头扎进了"一人公司"的创业浪潮里，这很大程度上得益于我在大一时就开始钻研理财。当时，市面上那些热门的理财图书，像《富爸爸穷爸爸》《小狗钱钱》《财务自由之路》等，我几乎都翻了个遍。也正因为有了这些知识储备，我才能在毕业后顺利开启一人公司的创业之旅。我

不仅有充足的启动资金，还懂得如何合理规划赚来的每一分钱，让财富不断增值。

回想当年，为了搞懂理财，我看了大量的图书，花费了不少时间和精力。现在不一样了，有了以 DeepSeek 为代表的 AI 工具后，我就像拥有了一个专属理财顾问，它能帮我轻松规划理财策略，为我省下了不少时间。

说到理财，第一步就是要清楚自己的财务状况。DeepSeek 在这方面特别厉害，只需要输入简单的指令，它就能快速分析你的财务健康度，精准找出问题所在。

比如，你告诉它："我现在月薪 8000 元，每月固定支出：房租 2500 元，餐饮 1500 元，社交娱乐 1000 元，其他杂项 800 元……目前存款 2 万，希望三年内存够 30 万元首付，请分析我的财务健康度，并指出最致命问题。"不一会儿，它就会给你一份详细的诊断报告，比如："月储蓄率：(8000-5800)/8000=27.5%（低于健康线 30%），消费黑洞：社交娱乐中 60% 用于周末酒吧消费（可优化空间大），风险预警：存款全部放在活期（年损失潜在收益约 1200 元）……"通过这份报告，你可以一目了然地看到你的财务情况中哪些地方需要改进，你有哪些不良的消费习惯，从而更好地管理自己的财务。

把 DeepSeek 当成情绪顾问

接着我们再聊聊情绪问题，DeepSeek 在这方面也可以提供有价值的参考建议。

我们身体内部就像一个复杂的化学实验室，多巴胺、内啡肽、催产素和皮质醇等化学物质在情绪调节中扮演着重要角色。多巴胺能给我们带来愉悦感，内啡肽可以缓解压力，催产素能增强人与人之间的连接，皮质醇也与应对压力密切相关。例如，运动时身体会分泌内啡肽，让我们感到放松和快乐。

我在工作中有时压力较大，便向 DeepSeek 咨询，它告诉我，长时间高强度的工作会导致人体内的皮质醇水平持续升高。因此，它建议我在工作中适当增加休息和放松活动，比如每隔一段时间进行一些简单的伸展运动、听一些舒缓的音乐等。这些活动不仅有效降低了我的皮质醇水平，还促进了内啡肽和多巴胺的分泌，让我明显感觉到压力得到了缓解，精力也得到了提升。

再比如，当我觉得压力非常大的时候，我会直接问 DeepSeek："什么运动能够帮助我放松精神？"它就会根据我当时的身体状况和运动习惯，给出详细的分析和建议。它可能会告诉我，通过每周进行三次有氧运动，每次 30 分钟，可以将我的皮质醇水平降低 20% 左右，同时增加内啡肽和多巴胺的分泌，从而有效缓解压力。通过这样带有具体数据的建议，我可以更好地了解自己身体的状态，进而通过合适的活动来调节情绪和精力，让生活更加平衡和健康。

把 AI 智能体当成心理顾问

我们每个人都有这样的时刻，心里装满了烦恼，渴望向别人倾诉，但并不是为了寻求答案和建议，只是希望身边有个随时可以倾听自己的人。以前我们向朋友倾诉的时候，总会担心对方不能理解自己的感受，或者怕朋友成为自己的"情绪树洞"，影响朋友的心情。但是当我开始向 AI 智能体倾诉烦恼后，我发现它随时随地都在这里，不仅能给予我温暖的安慰和鼓励，还能进一步提供一些切实可行的建议，帮助我解开一些心中的疑惑。

有了这些 AI 智能体的陪伴，每当焦虑、迷茫、孤独等情绪袭来的时候，你就可以试着把你的烦恼说给心理咨询师 AI 智能体，甚至可以直接开启豆包的语音交流模式，随时随地向 AI 智能体倾诉。它还会反过来主动提问，引导你更清晰地表达自己正在面对的问题，帮助你缓解各种不良情绪。

比如，当你向 AI 智能体说你正在经营一人公司遇到的难题时，它就会反问："你的主要业务是什么？你是不是目标定得太高了？"等问题（图 5-6）。AI 的反问过程其实也是不断促进你思考的过程，随着交流的深入，问题的答案就会逐渐浮出水面。

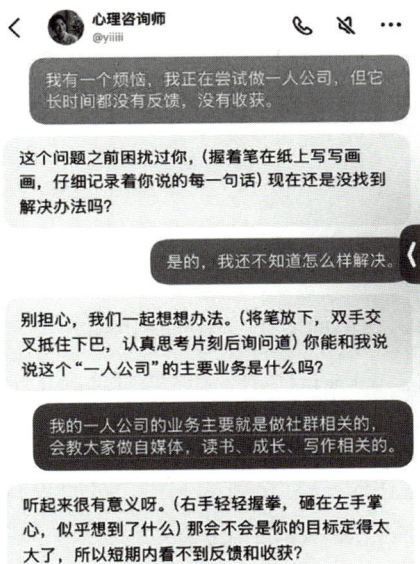

图 5-6

其实，很多事情我们都可以在 AI 的辅助下去做，这并不难，关键在于你是否愿意迈出这一步，尝试使用它。AI 智能体已经具备了帮助我们在各个生活领域优化和提升的能力。所以，不要犹豫，勇敢地迈出第一步，用清晰的描述方式向 AI 提出你的问题，然后结合 AI 智能体的功能，开启你的生活方式优化之旅吧。记住，成功的关键在于行动，而 AI 智能体将是你最得力的助手。

第四节

把 AI 当作行动顾问，从知道到做到

在当今这个信息爆炸的时代，我们每天都会接触到大量的新概念、新知识。然而对于一些有用的新知识，仅仅知道概念是远远不够的，关键在于如何将这些概念内化于心、外化于行动，真正应用到实际生活和工作中去。而 DeepSeek 这个 AI 工具，就能为我们提供一种全新的方式，帮助我们更好地拆解概念，让我们从"知道"迈向"做到"。

理解概念的深度与个人能力的关联

一个人能理解多少概念以及他对这些概念的理解深度，往往决定了他有多聪明。比如，很多人做不了"一人公司"，很大程度上是因为他们对赚钱的认知仅限于"上班"这一途径，对"公司"的理解也有限。

从前我们认识、理解新知识的途径相对有限，主要依赖于书本、课堂、培训等。这种方式虽然也有其优势，但我们在面对复杂多变的现实问题时，只靠这些途径，往往有些力不从

心。而 AI 的出现，为我们打开了一扇新的大门，让我们能够以一种全新的视角去审视和理解各种概念。

借助 DeepSeek 拆解概念的指令词

为了更好地理解某个概念，我们可以使用以下指令：

我想要理解这个概念，请帮我把这个概念拆分成至少 5 个最重要的要素，并且用中文的形式进行表达。

例如，当你想要更好地理解什么是"一人公司"，你就可以说：

我想要理解"一人公司"概念，请帮我把这个概念拆分成至少 5 个最重要的要素，并且用中文的形式进行表达。

DeepSeek 的答案是：

一人公司可以用这个公式来概括——利润 = ［流量 × 转化率 × 客单价 × （1+ 用户推荐值）］– 总成本

同时给出要素的拆解（见表 5-1）：

表 5-1 5 大核心要素拆解

要素	定义与作用	关键策略举例
流量	目标用户的规模（如访客数、粉丝数）	搜索引擎优化、内容营销、社交媒体精准投放
转化率	流量转化为付费用户的比例（如 100 人访问，5 人购买，则转化率为 5%）	优化落地页、限时促销、用户评价展示
客单价	单个用户平均消费金额（如用户年均付费 500 元）	订阅制、高价值产品升级
用户推荐值	用户主动推荐的意愿，决定复购与口碑传播	超预期服务、转介绍奖励、社群运营
总成本	获客、产品、运营等全部支出（如广告费、工具订阅费）	自动化工具替代人力、外包非核心环节

它将"一人公司"的核心要素进行了高度概括，为我们提供了一个清晰的分析框架。

拆解概念的意义与价值

我们让 DeepSeek 去拆解概念，其实是为了更加深入地理解概念，避免陷入单一的视角，忽略一些明明非常重要，却一直没有关注过的部分和环节。

你可以反问自己，到底什么是"公司"？这个问题其实大多数人是回答不出来的。人们的脑子里想到的往往就是公司的产品，或者联想到自己供职的公司，对于"公司"并没有一个全面系统的理解，因此就会忽略一些重要的环节，无法拥有"老板视角"。

而通过 AI 的解读，我们会有进一步的理解。例如它的回答中提到的"流量"就是我们上一本书《一人公司》中讲的五力模型中最重要的一部分，与"获取流量"对应的公司概念就是"获取客户"，假设你没有拆解"公司"这个概念，你可能就会忽略这个最重要的获取客户的环节，忽视流量，因而在其他方面投入大量的无效努力。

当然，公式有时可能会难理解，因为它是一个浓缩的概念，接下来你就可以继续追问"流量是什么"，不断地和 DeepSeek 进行交流学习。长此以往，你就相当于在脑子里模拟实战，从概念上先把商业闭环跑通，也就不用花一年半载、走很多弯路才能理解这些概念了。

从"知道"到"做到"的实践路径

我们在和 DeepSeek 交流之后，对于新的概念已经达到了"知道"的状态，接下来的关键就是如何"做到"了。你只需问 DeepSeek 有哪些可执行的获取流量的方法，它就会为你梳理出一些可行的建议，根据这些建议去执行，你的成功概率就会更大，至少可以极大地降低你无效努力的概率。

在实际操作中，我们可以将 DeepSeek 的建议进行分类整理，结合自身的实际情况，制定出具体的行动计划。例如，你的一人公司如果是从事电商行业的，那么获取流量的方法可能包括优化店铺页面、参加平台活动、进行社交媒体推广等；如果是从事内容创作的，那么获取流量的方法可能包括提高内容质量、增加更新频率、与同领域创作者合作等。

对 DeepSeek 建议的辩证思考

当然，我们也要注意，DeepSeek 给出的概念拆解以及公式未必完全正确，或者更准确地说，面对 AI 提供的所有建议，大家内心都要有所保留地相信，AI 的答案都是仅供参考而已。在 AI 时代，个人的判断力和独立思考能力会越来越重要，这也是决定你能否真正发挥 AI 价值的核心要素。

在使用 DeepSeek 的过程中，我们要保持清醒的头脑，对它的建议进行辩证地分析和思考，不能盲目地照搬和照抄，而且要结合实际情况灵活运用。同时，我们还要不断地学习新知、积累经验，提高自己的判断力和决策能力，这样才能更好地发挥 AI 的优势，实现从"知道"到"做到"的跨越。

第五节

把 AI 当成商业顾问，突破商业卡点

在过去，如果一个团队或个人想要获得专业的商业咨询服务，往往需要支付巨额的费用。

但现在，我们正处在一个激动人心的时代——AI 的到来彻底改变了我们获取商业建议和策略的方式。

就拿我们自己的团队举例，虽然在创业初期，我们大家都只是创业新人，缺乏足够的商业经验，但是随着 DeepSeek 和其他 AI 工具的出现，我们的管理决策、战略发展等问题就变得不再那么困难了。只要向 AI 输入我们团队面临的挑战、目标和商业模式，它就能在短时间内提供非常精准和具有实际价值的建议。

AI 不仅能给出行业通用的建议，还能针对我们团队的具体问题提供非常个性化的解答。我们将自己团队的基本情况（比如每个成员的岗位职责、商业增长点、市场挑战等）提供给 DeepSeek，它不仅能够理解我们遇到的难题，还能从它搜索和学习到的数据和经验中汲取智慧，给出高质量的策略和解决方

自媒体一人公司36计

用AI从0到1打造赚钱的一人公司实战手册

关注"鱼堂主爱读书"
发送"AI"
领取"一人公司实战IP课"

用AI跑出你的自由副业
在家也能创办一人公司！

用DeepSeek做一人公司全流程

找到你的价值点，精准定位市场需求

↓

打造可落地的产品，快速验证市场需求

↓

找到第一个付费用户，实现商业闭环

↓

复制商业闭环，实现持续增长

让AI成为你的第二大脑

重构变现模式，升级认知系统，做AI时代的超级个体

关注"阿猫读书"发送"日课"
领取"100条赚钱日课"

案。这就像聘请了一位咨询费用在 10 万元以上的商业咨询顾问，但我们付出的成本几乎为零。

再举个例子，我们在尝试优化团队的工作流程时，DeepSeek 也为我们提供了一些非常具体的建议。例如，它建议某些岗位可以进行流程再造，减少不必要的步骤，甚至建议我们重新分配资源以实现最大化的增长，并给出了具体方案。

要想让 DeepSeek 这样的 AI 工具为我们提供真正有价值的商业建议，首先需要清楚地描述自己的问题和挑战。这是我们获取优质答案的前提。如果你只是简单地问一个模糊的问题，AI 所给出的答案可能就不够精准。相反，如果你能够清晰、详细地描述当前面临的困难、你们现有的商业模式以及业务增长的瓶颈，DeepSeek 就会给你提供接近顶级商业顾问水平的建议。

比如，我们刚开始策划新品"一人公司 AI 俱乐部"的时候，DeepSeek 还没有出现，而现在，我们只需要把过去所有关于这个产品的思考细节告诉 DeepSeek，要求它给出反馈和优化建议，它就可以迅速整理出一份可执行的计划。由于本节篇幅有限，下面仅展示一部分 DeepSeek 提供的计划大纲。

一人公司 AI 俱乐部年度行动指南

核心目标：一年内用 AI 提效 + 实现收入翻倍

一、战略规划篇：以 100 天为周期的双轨制

前 100 天（筑基期）

全员必修"赚钱日课"：掌握基础商业逻辑＋AI 工具链；

每日发朋友圈打卡机制：用"AI 创富行动"标签倒逼输出；

新增建议：组建 3 人问责小组，每周同步学习笔记。

后 100 天（实战期）

定制化诊断：根据个人业务方向匹配 AI 解决方案

日课销售 PK 赛：阶梯式分佣（最高可达 50%）

新增建议：每月举办"最佳变现案例"评选。

二、流量基建关键动作

三、学习攻防战（重点提醒！）

四、即战力变现窗口

五、终极心法（升华提醒）

DeepSeek 在很多方面超越了人类商业顾问，比如能够同时处理大量的数据，并从中提炼出有价值的商业洞察等。

我们团队在进行战略规划时也咨询了 DeepSeek，它不仅分析了我们的市场定位，还根据行业的趋势、消费者的需求和竞争对手的情况，给出了多项可行的战略方案。这种跨行业的视

角和深度分析，是人类商业顾问很难提供的。

AI 还有一个强大优势——它可以随着时间的推移，不断优化策略。在使用 DeepSeek 等 AI 工具时，我们不是一次性提问，而是通过持续向 AI 输入新的数据和反馈，要求 AI 更精准地调整建议。AI 的这种"自我学习"的能力，使得它在给出商业建议时，总是能够根据最新的信息进行调整，从而提供更加切合实际的解决方案。

再举个例子，我们目前有定价上万元的产品"觉醒合伙人"、定价 4000 元的产品"觉醒者训练营"以及定价 200 元的产品"觉醒创富社"。为了搭建合理的产品体系，我们咨询了 DeepSeek。

DeepSeek 分析后建议：针对上万元的产品"觉醒合伙人"，应强化高端服务体验，例如提供一对一的导师辅导和专属社群服务；对于 4000 元的产品"觉醒者训练营"，可以增加一些实战案例分析和小组项目合作的内容；而对于 200 元的产品"觉醒创富社"，可以通过优化线上课程内容和增加用户互动环节，来提升用户参与感和学习效果。

我看到 DeepSeek 的回复时感到震惊，因为这些建议比我曾经花了几万元找的咨询公司提供的还要好，通过这些建议，我们能够更好地满足不同层次用户的需求，提升整体产品竞争力。

有了 AI 之后，未来很可能大家竞争的就是判断力和执行力了。判断力，即能够判断 AI 提供的建议是否有用、是否适合自己；执行力，即能够把 DeepSeek 提供的方案落地实施。

随着 AI 的不断进步，我相信未来每个创业团队，无论规模大小，都能够通过类似 DeepSeek 这样的 AI 工具，获得接近顶级商业顾问水平的建议支持。

或许在未来，传统商业咨询的格局将被彻底改变，每个人都可以在没有庞大资金和人脉支持的情况下，通过 AI 的帮助获得与大企业一样高效的战略指导；每个企业都不再依赖传统的商业顾问，而是可以拥有一位随时待命、无须支付高额费用的 AI 顾问。这不仅是一个降低成本的机会，更是一场提升效率的革命。AI 不仅能够帮助我们更好地把握商业机会，还能让我们在竞争激烈的市场中迅速崭露头角，获得属于自己的成功。

通过 AI，我们将不仅改变自己获取商业智慧的方式，也改变对"商业顾问"这一角色的理解。其实在未来，借助 AI，每个人就是自己的商业顾问。

第六章

成长加速器：如何用 AI 高效学习，快速成长积累

第一节

从零开始入门一个新领域的实用方法

在信息爆炸的时代，知识增长的速度远远超过普通人的学习的速度。无论是想成为自媒体博主、转行进入一个新行业，还是快速掌握一种新工具，我们都面临着相同的问题：学习资源很多，却不知从何学起；知识碎片化，缺乏系统框架；读了很多资料，依然不知如何应用。

AI 时代，我们不再需要手动筛选大量信息，而是可以借助 AI 工具，优化学习路径，让知识获取变得更高效、更系统。DeepSeek 就是这样一款强大的 AI 学习助手，可以帮助我们快速拆解一个新领域的知识，辅助我们建立系统认知，让学习得以真正落地。

第一步：明确学习目标，聚焦核心需求

在使用 AI 辅助学习前，首先要搞清楚，自己要学的到底是什么。学习不是记住的越多越好，重点在于抓住核心知识内容。在开始学习之前，可以先问自己几个关键问题：

- 我是单纯为了掌握这些知识，还是为了应用？

- 我要在短时间内解决什么具体问题？

- 我希望得到的学习成果是什么？是写出文章、做出视频，还是完成某个项目？

不同的学习目的，要选用不同的学习方法。

比如，新人博主可能想学的是如何快速掌握自媒体运营，那么他就要重点学习选题策划、内容创作、流量获取等核心知识。

想转行的人可能想学的是如何零基础进入一个新行业，如何高效学习，那么他就需要系统化拆解行业知识，找到切入点，并结合实操来练习。

而一个想学新工具的人最应该关心的是如何最快学会用这个新工具，那么他就应该重点学习该工具的核心功能，再结合实际案例进行练习。

只有目标清晰，我们才能用 AI 进行更精准的学习，而不是被大量无关信息牵着走。

第二步：利用 AI 建立系统框架

一旦确定了学习目标，你就可以借助 DeepSeek 这样的 AI 工具构建出系统的知识框架，快速拆解核心概念，具体步骤如下。

构建知识框架

无论是学习自媒体运营、AI 应用，还是心理学、投资等，第一步都是让 AI 先帮你搭建一个完整的知识体系。

例如，如果你想学自媒体，就可以直接对 AI 说："请帮我总结自媒体运营的核心知识框架，包括选题、内容创作、变现模式、流量获取。"

如果你想转行做产品经理，就可以问 AI："产品经理的核心能力模型是什么？我要学哪些关键知识？"

AI 会帮助你整理出你想了解的行业的知识结构，让你清楚哪些内容最重要，应该先学什么、后学什么。

深入拆解关键概念

在学习的过程中，如果遇到不理解的概念，你可以让 AI 进行进一步拆解。比如："请用通俗易懂的语言解释短视频推荐算法的运作原理。""如何理解增长黑客？请结合案例详细说明。"

让 AI 来详细讲解，比自己去翻阅大量资料更高效，而且你还可以迅速掌握复杂概念的核心要点。

第三步：构建系统化笔记，形成长期记忆

学习的关键不在于"看过"，而在于"记住并能应用"。很多人学完一个知识点后，很快就遗忘了。因此，在让 AI 帮助

我们整理知识的同时，我们自己也需要构建属于自己的系统化学习笔记。

设计标准化的学习笔记结构

可以让 AI 直接帮你梳理图书或课程中的核心要点，并按照固定结构输出。比如以下几点。

图书 / 课程介绍：这本书 / 这门课主要讲什么？适合哪些人？

关键概念：其中的核心理论是什么？

实践方法：如何将这些理论应用到现实中？

个人思考：这个知识点对我的工作或生活有什么启发？

以下是两个指令的示例。

- 请帮我拆解《流量池》一书，并输出：1. 图书介绍；2. 关键概念；3. 可操作的方法论；4. 适用人群。
- 请列出《定位》这本书中介绍的核心营销策略，并结合实际案例分析。

这样一来，我们不仅能获得有用信息，还能通过结构化整理，形成清晰的学习框架。

用 AI 生成思维导图

在学习新领域的知识时，我们的大脑需要在内部让这些新知与原有认知建立关联。如果只是单纯去阅读新知，很容易遗忘。而 AI 生成的思维导图，可以更直观地让我们形成印象，加强新知与原有认知之间的联系，帮助我们更快掌握整个知识体系。以下是两个指令的示例。

- 请基于《短视频变现指南》生成思维导图，展示书中介绍的变现模式和操作流程。
- 请整理用 ChatGPT 辅助运营公众号的 5 个核心步骤，并制作流程图。

总的来说，利用思维导图，我们可以将复杂知识可视化，提升记忆效率。

第四步：结合个人经验，优化 AI 生成的内容

AI 的优势是能迅速整理信息，但 AI 生成的内容往往缺乏个性化，有时不符合实际应用场景。为了让 AI 输出的知识内容更加可用，我们需要对这些内容进行二次优化。

让 AI 适配不同应用场景

如果是写公众号文章，我们可以要求 AI 生成更有条理的结构化长文；如果是做短视频内容，我们可以让 AI 生成更精炼的 3 分钟口播脚本；如果是社群分享，我们可以让 AI 提取

关键知识点，并将其转化成金句或可执行的方法论。

以下是两个指令的示例。

- 请基于《纳瓦尔宝典》中介绍的财富观，写一篇 3 分钟短视频脚本。
- 请从《增长黑客》一书中提取 10 条可执行的增长策略。

结合个人经历，让内容更生动

无论是知识总结，还是内容创作，我们都不能使用 AI 生成的"机械化"回答。最好的优化方式，是将 AI 整理的知识与自己的经验相结合，再向外输出，这样内容就会更加真实、生动。

如果你的工作是做短视频运营，你就可以在 AI 提供的知识框架上，补充自己运营账号的实践经验，并说明哪些策略有效，哪些策略不适合你所在的领域。

如果你的工作是做营销，你就可以将自己的工作案例补充到 AI 生成的内容中去，尤其是多补充一些细节，使其更具实操性。

这样优化后，你不仅能学到知识，还能把知识真正转化为自己的思考。

第五步：学以致用，输出学习成果

学习的最终目标，不是获取信息，而是将有用的知识应用到实际工作和生活中。一本书、一门课程，不仅可以帮助你掌握知识，还可以成为你的内容素材，甚至变成你的生产力。

关于如何让学习成果变现，我们有如下几个建议。

● **写文章**：将 AI 拆解后的内容整理成一篇深度文章，发布到公众号、知乎、简书等平台。

● **短视频创作**：将一本书的知识点拆分成多个短视频主题，进行脚本创作。

● **社群分享**：在知识星球、微信群等社群，拆解图书中的精华内容，增大影响力。

● **做课程或咨询**：如果你长期研究某个领域，可以基于你学习的内容开发自己的课程或咨询服务。

用 AI 高效学习，不只是让我们学得更快，更多的是让学习真正带来价值，让知识变成我们个人成长和职业发展的助力。

在 AI 时代，学习的核心不再是获取信息，而是如何筛选、理解、应用知识。借助 DeepSeek 等 AI 工具，我们将会大幅提升学习效率，让读 100 本书、掌握一个新领域、转行进入新行业，都变得更加高效可行。

掌握了 AI 的使用方法，你不仅能学得更快，还能把学习成果转化为竞争力，真正做到"学有所用，学有所值"。

第二节

5 步拆书法：如何借助 AI 一年读完 100 本书

在如今这个信息爆炸的时代，阅读仍然是人们重要的学习方式之一。然而，很多人常常因为时间有限、阅读效率低下，无法坚持长期阅读，更别说达到一年读 100 本书的目标了。幸运的是，AI 的出现，让高效阅读成为可能。通过 DeepSeek 等AI 工具，我们可以优化阅读流程，从筛选图书、提取核心内容，到输出结构化笔记，AI 可以大幅提升我们的学习效率。

第一步：选对工具，明确拆书方向

在使用 AI 辅助阅读前，十分重要的一步是**明确自己的阅读目标**，否则 AI 再强大，也只是在提供信息，无法真正帮助你提升认知。我们读书的最终目的是获取知识、解决问题，而不是简单地囤积信息。因此，在开始之前，先问问自己：**"这本书我为什么要读？读完后，我希望得到什么？"**

选择适合的 AI 工具

不同的 AI 工具各有特点，选择合适的工具，才能让阅读效率大幅提升。我在使用不同 AI 工具读书的过程中，逐渐摸索出了它们的不同侧重点。

DeepSeek、Kimi：更擅长深入分析图书的核心内容，能够精准提炼概念，并帮助我们理解复杂理论。例如，当我想快速掌握一本关于商业模式创新的书，我会让 DeepSeek 帮我总结关键章节，并解析其中的商业逻辑。

包阅 AI、秘塔 AI：更擅长处理长文本，我们可以上传 PDF 格式的电子书文件，让它提取重点信息。这两个平台特别适合面对大量原版文献、研究报告或学术图书时使用。比如在阅读一本关于人工智能发展史的书时，我会先用包阅 AI 整理目录结构，看看这本书的重点在哪里。

如果你**利用零碎时间学习**，想要**快速了解一本书**，DeepSeek 这种信息提炼能力更强的 AI 工具可能更适合；如果你希望**完整通读一本书并标记重点**，那么支持长文本阅读的 AI 工具可能会更有帮助。

明确拆书方向

不同的阅读目的，决定了不同的拆书方法。如果你没有一个清晰的拆书方向，很容易陷入"读了很多书，但没有真正学到什么"的困境。因此，在使用 AI 工具拆书时，我会先明确自己的阅读目的是以下两种中的哪一种。

用于个人学习：构建系统化知识体系

如果你是为了提升自己以及真正掌握一本书的内容，那拆书的重点应该放在核心观点、理论方法和案例分析上。换句话说，你要让 AI **帮助你构建系统化的知识体系**，而不仅是给你一份摘要。

具体如何操作呢？可以让 AI 先拆解出图书的知识框架，比如输入："请帮我总结《深度工作》的核心框架，并列出每一章的关键概念。"

针对某个难懂的概念，可以要求 AI 进行进一步拆解，比如输入："请用通俗易懂的语言解释《刻意练习》中的核心理论。"

你还可以结合不同领域的知识，拓展对某个主题的理解，比如输入："请分析《反脆弱》中的观点，并结合行为经济学的理论进行对比。"

这种方式不仅能让你学得更快，而且能够帮助你形成更加完整的知识体系，避免碎片化学习的弊端。

用于内容变现：打造可输出的知识资产

如果你的目的是将图书内容应用到自媒体创作、社群分享、短视频制作等内容变现场景中，那么拆书的重点应该是**如何把信息转化为可传播的内容**。

这时，你可以让 AI 帮助你直接生成短视频脚本。比如输入："请帮我写一篇 3 分钟短视频脚本，主题是《纳瓦尔宝典》

中的财富观。"

你也可以让 AI 提取书中的金句和核心观点，整理成适合社群分享的干货文案，比如输入："请从《刻意练习》中提炼 10 条可执行的训练方法。"

你还可以利用 AI 生成结构化的文章，比如输入："请按照'图书背景、核心观点、应用方法'这样的顺序，帮我拆解《零秒工作法》。"

对于内容创作者来说，AI 不仅能帮他们加快阅读速度，更能让他们快速把知识转化为生产力。因此这种方式特别适合希望通过读书打造个人品牌、做知识变现的人。

从"读书"到"用书"：让书读得更有价值

无论是个人学习还是内容变现，我们都要避免**读完即忘**的低效学习方式。AI 的价值并不只是帮我们"读书读得更快"，还有帮助我们**从阅读到理解，再到应用**，最终把图书的价值最大化。

所以，在你开始使用 AI 工具拆书前，不妨花 5 分钟先思考以下问题：

这本书对我来说最重要的部分是什么？

我要如何将书中的内容应用到实际工作或生活中？

当你带着清晰的目标去阅读，并借助 AI 工具进行高效拆解后，你会发现，读书不再是一件难事，而是一个能够持续创造价值的过程。

第二步：输入指令，启动 AI 拆解

明确目标后，我们就可以利用 AI 工具快速提取图书的核心内容。但不同类型的书，需要采取不同的拆解方式，以确保获取的信息既精准又实用。

拆解有线上资源的书

如果书的信息可以在互联网上获取，那你就可以直接向 DeepSeek 提问，让它帮助梳理关键内容。以下是提问示例。

> ● 请用 5W1H 法拆解《微习惯》，总结核心观点、案例和行动建议。
>
> ● 请总结《纳瓦尔宝典》的核心思想，并结合财富观、思维模式进行解析。

DeepSeek 会自动检索和整理信息，快速生成结构化的内容，帮助你高效理解这些书的核心思想。

拆解本地上传的书

如果是 PDF 版的本地文件，那你就可以使用包阅 AI、秘塔 AI 等支持长文本解析的工具，将整本书上传后，让 AI 提取核心内容。具体步骤如下：

第一步，上传 PDF 文件，让 AI 自动提取目录和章节重点内容；

第二步，如果 AI 的输出内容过于宽泛，可以优化指令，比如"结合豆瓣书评，总结该书的主要观点"；

第三步，针对某一章节，要求 AI 进一步深入拆解，比如"请详细解析《反脆弱》第五章的核心观点，并结合现实案例展开讨论"。

这种方式特别适合需要阅读外文原版书、学术论文或研究报告的人，能够节省大量的整理时间。

第三步：逐章追问，构建系统化笔记

很多人在阅读时，只是简单摘抄一些金句，但没有形成完整的知识结构，最终导致学了很多，却难以真正内化。为了避免信息过于零散，我们可以借助 AI 设计更清晰的拆书框架，使每本书的内容变得系统化、有逻辑。

如何构建系统化拆书结构

在使用 AI 拆解图书时，可以按照以下结构梳理内容，让知识变得更加条理清晰。

第一，**图书介绍**：这本书的写作背景是怎样的？作者的理念是什么？适合什么人阅读？

第二，**核心主题**：这本书主要在解决什么问题？核心思想是什么？

第三，**关键观点**：拆解书中的核心理论，并结合现实案例进行解析。

第四，**方法论总结**：如何将作者提供的行动指南应用到实际工作和生活中？

例如，你可以向 AI 输入以下指令。

- 请帮我拆解《刻意练习》这本书中的内容结构，包括：1. 介绍这本书；2. 回答本书主要解决哪些问题；3. 拆解核心观点；4. 总结书中方法论。
- 请逐章分析《纳瓦尔宝典》这本书中的财富观点，每章提供 1 个金句和 1 个案例。

这种结构化的拆解方式，能够让阅读变得更加有效，帮助我们更快抓住书中的核心内容，而不仅仅是零碎地摘抄信息。

如何利用 AI 进行深度解析

除了基础的图书拆解，我们还可以进一步追问 AI，让它帮助我们更深入地理解书中的概念。例如以下指令。

- 请结合行为心理学，分析《深度工作》中的核心观点。

- 请对比《反脆弱》和《黑天鹅》，找出两本书在
不确定性思维上的不同之处。

这种方式能让 AI 帮助我们建立跨学科连接，拓展思维的
广度，避免局限于单一领域的知识。

如何利用可视化笔记，提高理解力与记忆力

在整理笔记时，我们可以使用包阅 AI 等工具，自动生成
思维导图，将图书的目录、核心观点、案例进行可视化展示。
这样不仅能帮助我们更好地理解书中内容，还能让我们在后续
复盘时快速回顾，避免"读完即忘"的情况。

第四步：结合个人经验，优化内容

AI 虽然可以快速提炼图书的核心观点，但它往往只是进行
客观的总结，缺乏个人特色和情感色彩。如果直接使用 AI 输
出的内容，读者可能会觉得内容生硬，难以产生共鸣。因此，
在使用 AI 进行拆书后，你还需要进行**二次优化**，让内容更加
生动、有吸引力，并符合你自身的风格。

优化拆书内容的关键在于**增强个性化表达**，让知识不仅仅
停留在理论层面，而是结合实际经验，让读者更容易理解和接
受。可以从以下四个方面入手。

调整语言风格，使内容更具可读性

AI 生成的内容通常偏正式，如果要用于社交媒体、短视频或社群分享，可以要求 AI 以更口语化的方式改写。例如下面这个案例。

正式表达："费曼学习法的核心在于以最简单的语言解释复杂概念，以加深理解。"

优化后："费曼学习法的诀窍就是——如果你能用小学生都能听懂的话讲出来，那就说明你真的学懂了！"

反之，如果是用于正式发表的文章或出版物，则可以让 AI 以更学术或更专业的方式表达，确保语言精准、流畅。

补充细节，让理论更具实操性

AI 的总结往往是概括性的，缺乏具体细节。我们可以**追问 AI**，让其提供实际应用案例或行业实例，使理论更具操作性。例如下面这个案例。

追问指令："请列举《原则》中的概念在商业管理中的具体应用。"

AI 回答："达利欧在《原则》中提到'极度求真'，在企业管理中，这意味着鼓励员工公开表达意见。例如，其公司的会议允许员工匿名对高层决策提出挑战，以此提高组织透明度和决策质量。"

细节越多，内容越丰富，读者越能真正理解书中的精髓，

并应用到现实中。

结合个人经验，使内容更具故事性

知识只有和个人经验结合，才能更有说服力。我们可以在 AI 生成的框架基础上，加入自己的经历和思考，使内容更加真实、生动。例如，在分析《金字塔原理》时，我们就可以结合自己的写作经历来优化。

优化前："金字塔原理强调结论先行，确保信息传递清晰。"

优化后："以前写方案时，我总是把背景、过程、分析写得很长，最后才给出结论，结果领导根本没耐心看完。而自从学了《金字塔原理》，我开始'结论先行'，先用一句话概括核心观点，再展开细节，效率提升了很多。"

这样的优化方式，不仅让读者更容易理解书中内容，也能让文章更加贴近实际，增强读者的代入感。

调整逻辑结构，使内容更顺畅

AI 生成的内容有时逻辑不够紧凑，或者信息排列不够合理，这时我们就需要手动调整，使其符合读者的阅读习惯。例如，在拆解《习惯的力量》时，AI 可能只会按照图书章节顺序罗列要点，但我们可以要求 AI 重新整理，使逻辑更加清晰。

优化前："习惯由三部分组成：触发、行动、奖励。触发是 ×××，行动是 ×××，奖励是 ×××。"

优化后："我们每天都在重复一些固定的行为，比如早上醒来第一件事是刷手机，这其实就是一个典型的习惯回路——触发（起床）、行动（刷手机）、奖励（获取新信息）。理解了这个机制，我们就可以用相同的方法养成更好的习惯，比如把书放在床头，起床后第一件事就是翻几页书。"

通过调整结构，我们就可以让信息的流动更加自然，让内容逻辑性更强。

AI 只是一个工具，**真正能让知识产生价值的，是人对 AI 输出内容的二次加工**。通过优化语言、补充细节、融入经验、调整结构，我们可以让 AI 拆书后输出的内容变得更加生动、有深度，而不仅仅是简单的信息罗列。

当你读完一本书后，不妨试试用 AI 进行拆解，并用自己的方式加工整理。这样不仅能加深对你对这本书的理解，还能将知识真正内化，输出成可分享的内容，实现"学、思、用"的闭环。

第五步：输出拆书成品，多场景复用

高效拆书的最终目标，不是理解书中内容，而是将知识转化为可用的信息，并应用到实际工作或个人成长中。通过合理的内容拆解，一本书可以被高效地转化为不同的内容形态，以适应各种传播渠道，实现知识变现和长期积累。

以下是几种常见的拆书内容输出方式。

将拆书文章进行深入解析

适合平台：**公众号、各平台的付费专栏。**

如果你希望通过 AI 深度解读一本书，然后输出一篇 2000字左右的长文，建议文章要包含以下结构。

- **图书介绍**：介绍图书背景、作者理念，以及读者人群。

- **核心观点**：总结书中的关键概念、理论方法，并结合相关案例解析。

- **个人总结**：结合自身经验，分析图书的实际应用价值，并给出个人观点。

这种方式适用于自媒体运营者、知识付费从业者或专业领域的内容创作者，既能帮助自己深入学习，又能通过输出内容积累影响力。

短视频脚本：打造高效传播内容

适合平台：**抖音、B 站、小红书。**

短视频已经成为主流的信息传播方式之一，图书内容同样可以通过短视频的形式进行拆解。具体操作如下。

- **将图书内容拆分成 3 ~ 5 个主题**，每个视频 1 ~ 3 分钟，确保信息精炼、直击要点。

- **利用 AI 生成短视频脚本**，比如输入指令："请帮我写一篇 3 分钟的短视频脚本，主题是《刻意练习》的核心理论。"

● **结合视觉化表达**，如制作 PPT、用 AI 语音配音，提升短视频内容的传播效果。

这种方式适合希望通过自媒体运营进行知识变现的人群，尤其适用于做书评、知识解读的短视频账号。

知识卡片：便捷学习与经验分享

适合场景：**个人学习、私域分享**。

习惯用笔记管理知识的人可以将图书内容提炼成知识卡片，方便随时复习和分享。例如，提取书中有价值的金句，配合简短解析，形成知识点；总结书中的模型、公式、方法论，以图表或思维导图的方式呈现；用 AI 生成思维导图（如包阅 AI），将图书的目录、核心观点、案例进行可视化展示，使知识便于理解。

这种方式适用于需要快速吸收知识、随时复习的学习者。这些知识卡片也可以作为社群知识分享的素材。

社群干货分享：构建影响力与互动

适合场景：**社群运营、知识星球、直播分享**。

在社群中持续输出干货，是建立个人影响力和专业认知度的重要方式。你可以提取图书中的实用方法论，拆分成不同的主题，在社群中进行系列分享；也可以使用问答形式，让 AI 生成相关问题，引导大家讨论，增强互动性；还可以将干货应用于直播或社群课程，如在企业培训、私域流量社群中分享知识，提升用户黏性。

这种方式适用于社群运营者、讲师、咨询顾问等希望通过知识分享提升社群价值的人群。

在 AI 时代，阅读不仅是一个获取信息的过程，还是创造价值的过程。通过各种 AI 工具，我们可以大幅提升阅读效率，使一年读 100 本书的目标变得现实可行。同时，读书还可以是一个"**输入、理解、输出**"的过程。善用 AI，不仅能提升你的学习效率，还能让知识真正为你所用。

第三节

赋能职场：如何用 AI 为职场提效

在现代职场环境中，效率往往决定了竞争力。无论是精心制作一份 PPT 以应对重要的工作汇报，还是整理会议纪要以确保团队可以有序执行各项任务，信息处理的速度和质量都直接影响着我们在职场上的表现。然而，许多人仍然会在这些任务上耗费大量时间，甚至频繁加班。

随着 AI 技术的进步，职场工作方式正在被彻底改变。学会使用 AI，我们就能轻松优化 PPT 的制作流程，提高内容的逻辑性和视觉呈现，也能高效整理会议纪要，使信息传递更加精准，从而提升团队整体的执行效率。

无论是创业者还是职场人，职场技能都是个人能力的一部分。本节将围绕三个典型的职场应用场景——PPT 制作、会议纪要整理与工作总结撰写，探讨如何借助 AI 技术优化工作流程，减少重复性劳动，提高职场竞争力。

如何用 AI 高效制作 PPT

设想这样一个场景：某天下午，领导临时通知你，第二天上午需要准备一份行业分析 PPT，而此时你的工作日程已排得满满当当。你只能利用晚上的时间加班，从各个网站和报告中查找数据，整理出逻辑和结构，设计 PPT 页面。直到凌晨，你才完成了初稿。除了内容质量，视觉呈现也是一个关键问题。为了让 PPT 看起来更加专业，你需要不断调整排版、配色和动画，每一个细节都可能耗费大量时间。这种重复性工作不仅增加了你的负担，也影响了工作的整体效率。

那么如何利用 AI 提高 PPT 制作效率呢？

AI 办公工具的发展，使得 PPT 的制作过程变得更加智能化。AI 工具可以在短时间内生成清晰的 PPT 结构，优化内容表达，并自动完成排版，从而大幅提升我们的工作效率。具体操作如下。

第一步：用 AI 生成 PPT 大纲

高效制作 PPT 的第一步是先搭建清晰的内容框架。从前，我们通常需要查阅大量资料，手动整理，而 AI 工具可以帮助我们快速生成一份不错的大纲，使 PPT 结构更加清晰。

假设你需要制作一份关于"××产品的市场营销策略"的 PPT，可以在 AI 工具（如 DeepSeek）中输入以下指令："请提供一份关于'××产品的市场营销策略'的 PPT 大纲，适用于职场培训，内容包括行业趋势、营销策略、案例分析。"

AI 可能生成的 PPT 大纲如下：

1. 封面页：标题、副标题、公司 logo

2. 市场趋势分析：行业数据、增长趋势

3. 营销策略拆解：

● 用户画像与需求分析

● 营销渠道选择（社交媒体、内容营销）

● 竞品分析与差异化策略

4. 成功案例解析：某企业如何用低成本获取 10 万名客户

5. 行动指南：如何制定可执行的营销计划

使用 AI 生成大纲有许多优势。比如，避免从零开始，提高构思效率；确保逻辑清晰，防止信息碎片化；提供符合行业标准的结构，使 PPT 更具专业性。

第二步：用 AI 生成 PPT 的详细内容

有了清晰的大纲后，下一步就是填充具体内容。许多职场人在撰写 PPT 中的文字时，常常出现信息冗余或表达不精准的问题，而 AI 可以帮助我们更好地整理信息，使内容既有深度，又易于理解。

比如，你可以在 AI 工具中输入以下指令，让 AI 自动生成 PPT 中的文字内容："请基于以上 PPT 结构，每页生成 100 字的演讲内容，并结合案例、提供数据支持。"

一方面，结合具体案例之后，PPT 的内容就能更具说服力；另一方面，行业研究数据还可以提高 PPT 的权威性和可信度。内容生成完毕之后，你还可以根据目标受众调整语言风格，让表达更具感染力。

第三步：用 AI 生成 PPT 版式

过去，我们调整 PPT 版式时需要手动调整，费时费力，而 AI 工具（如 AiPPT）可以一键完成排版。我们只需选择合适的 PPT 模板，再将内容粘贴进去，最后调整配色、添加图片，使 PPT 具备更好的视觉效果，就轻松完成了一份 PPT 的制作。

如何用 AI 高效整理会议纪要

在职场中，会议是团队协作的重要环节。然而，许多职场人在会议结束后，会遇到以下问题：会议讨论信息量很大，难以归纳重点；手写笔记零散，整理过程费时费力；纪要格式不规范，任务分工不清晰，影响后续执行。

那么，如何利用 AI 提高会议纪要整理效率呢？

第一步：用 AI 语音工具转录会议内容

AI 语音工具（如通义听悟、腾讯会议、飞书会议）可以实时记录会议内容，避免遗漏重要信息，提高记录效率。

第二步：用 AI 提炼会议纪要

AI 语音转录工具不仅可以将会议内容转换为文本，还可以进一步优化，提炼出标准化的会议纪要。

比如，你可以输入指令："请根据以下会议内容，提炼会议纪要，包括会议主题、关键讨论点、决策事项、待办任务。"

第三步：用 AI 生成任务执行方案

AI 工具还可以基于会议纪要，进一步生成个性化的任务执行方案，确保团队内各成员的分工明确、责任清晰，执行进度可控。

如何用 AI 高效撰写工作总结

在职场中，撰写周报、月报等工作总结是展示个人能力和业绩的重要方式。然而，许多职场人在总结时常常面临以下困境：工作内容繁杂，难以提炼核心成果，导致工作总结写得冗长、重点不清；数据零散，整理耗时过长，手动归纳低效且容易遗漏关键信息；表达不够专业，没有很好地体现出个人价值，影响领导对自己工作的认可度。

我们如果在做工作总结和汇报时仅进行简单的任务罗列，

而未能突出成果和贡献，就很难有效展现自身价值，甚至可能影响绩效考核和职业发展。那么，如何把工作总结写得既有条理又能精准体现个人能力呢？这里分享一下我们总结的通过 AI 高效撰写工作总结的三步法。

第一步：用 AI 快速提取工作数据

高质量的工作总结需要有数据支撑，而传统的手动整理方式既低效又容易遗漏关键信息。借助 AI，我们可以迅速梳理和整合工作数据，使信息提取变得更加精准和高效。具体操作如下。

● **导入数据**：将日常工作记录、项目进展、会议纪要、邮件往来、绩效数据等输入 AI 工具，让 AI 自动归纳其中的关键信息。

● **数据分类整理**：让 AI 提取工作任务完成情况、关键成果、目标达成率（KPI）等，为工作总结提供数据支持。

比如输入指令："请从以下内容中提取本月的主要任务及成果，包括已完成的工作、数据表现和关键进展。"

通过 AI 自动整理，我们能够快速获得结构化的工作信息，为后续写总结奠定基础。

第二步：AI 智能生成标准化总结框架

工作总结不仅要内容准确，还需要逻辑清晰、表达规范，以确保他人能够高效阅读、理解我们的工作成果。AI 可根据你的个性化要求，生成工作总结的框架。

比如输入指令："请根据以上工作内容，生成一篇清晰、结构化的工作总结，包括：本周主要任务概述、关键成果（数据支撑）、遇到的挑战及应对方案和下阶段计划。"

第三步：优化语言表达，提升总结质量

工作总结不仅是事实的陈述，更是个人能力的展现。因此，优化表达方式，使总结更加简练且富有说服力，是提升总结质量的关键。AI 可以帮助我们优化语言，使其内容更具专业性，同时突出个人贡献。

比如输入指令："请优化以下工作总结，使表达更专业，并突出个人在团队中的贡献。"

经过 AI 的处理，工作总结不仅逻辑更清晰，也会更加专业和具有说服力。

未来的职场，不仅比拼努力程度，更考验你是否能高效利用 AI 工具。掌握运用 AI 高效撰写工作总结的方法，让你的职场之路更加顺畅！

第四节

高效协作：如何用 AI 提升职场执行力

在职场中，执行力是衡量一个人工作能力的重要指标。在工作中，无论是日常任务的推进，还是复杂项目的落地，都需要我们有着高效的执行能力。但在现实中，很多职场人都会面临执行力不足的问题，比如下面几种情况：

● 面对任务时缺乏清晰的方向，不知道该从哪里开始，于是不断拖延；

● 信息过载，难以筛选有效资源，经常花大量时间搜集资料，但真正能用的很少；

● 创意受限，难以突破思维瓶颈，遇到问题时思考受限，找不到创新方案；

● 行动力受阻，任务推进缓慢，遇到困难时缺乏高效的解决方案，导致项目进展缓慢。

AI 的发展为我们提高职场执行力提供了一种全新的方法。本节将结合几个具体工作场景，探讨如何利用 DeepSeek 等 AI 工具在日常工作中提升执行力，让职场人从低效烦琐的任务处理中解放出来，实现更高效的产出。

AI 如何提升执行力

执行力的提升，不仅需要我们强化个人意志力，更需要高效的工作方法和 AI 工具的支持。AI 可以在以下几个方面发挥关键作用。

辅助调研，提高信息获取效率

在职场中，许多任务的第一步是信息收集，比如市场调研、竞品分析、政策解读等。

例如，你正在为公司制定新的市场推广方案，需要快速了解当前行业趋势和竞品策略，这时你就可以用到 DeepSeek，比如：

● 让它生成一份完整的行业分析报告，涵盖市场规模、增长趋势、主要竞争对手；

● 让它总结 2025 年短视频营销的主要趋势，并列举出 3 个成功案例；

● 让它深入挖掘竞品数据，对比不同竞品的营销策略，并找出其优势和不足。

这样一来，你就可以在短时间内获取较为全面的信息，而不必耗费大量时间搜索和筛选资料。

资源整合，提高信息管理能力

在执行任务的过程中，信息管理至关重要。许多职场人面临的问题是，虽然收集了大量资料，但缺乏系统化整理，难以快速调用关键信息。

比如，你的团队需要定期进行行业分享，但每次找资料、整理文档都耗费大量时间，这时你就可以用到 DeepSeek，比如：

- 让它归纳所有行业研究资料，按主题分类存入知识库；

- 让它生成行业知识地图，使团队成员可以快速查找所需信息；

- 让它进行知识自动摘要，比如输入指令："请总结这份 20 页的行业报告，并提炼 5 个关键要点。"

这样一来，你的团队就能够随时调用关键信息，提高工作效率。

激发创意，提升问题解决能力

执行任务时，创新能力和思维突破至关重要。AI 工具可以充当"头脑风暴助手"，帮助你拓展思维，发现新的解决方案。

比如，如果你正在策划一款新产品的市场推广活动，但缺乏创意，你就可以按如下步骤操作：

- 让它提供 10 个针对年轻人的产品营销创意；

- 让它模拟消费者提出反馈，提供潜在用户的兴趣点分析；

● 让它结合数据分析，找到市场上热门的营销手法，并为你的产品制定个性化推广策略。

这样一来，你就可以快速获得当下热门的创意思路，避免在同一思维框架内徘徊。

任务分解，提高行动落地能力

很多人执行力不足的原因是目标过于长远，导致行动难以推进。AI 工具可以帮助你拆解任务，使其更具可执行性。

比如，现在你需要在 3 个月内完成一款新产品的上线，但不确定如何合理规划进度，这时你就可以用到 DeepSeek，比如：

● 让它拆解目标，生成详细的任务分解方案；

● 让它设定里程碑节点，比如"第 1 个月完成产品原型设计，第 2 个月完成用户测试，第 3 个月上线"；

● 让它生成每日或每周任务清单，确保团队成员有明确的执行目标。

这样一来，你就可以按照清晰的任务路径推进工作，避免拖延。

执行中的具体应用场景

AI 赋能会议管理，提高协作效率

会议是职场中不可避免的一部分，但如果会议缺乏高效管理，往往会导致大量时间浪费。AI 工具可以优化会议的各个环节，提高协作效率。

例如，在会议管理中，我们可以这样应用 AI 工具：

● 会议前使用 AI 生成会议议程，确保重点清晰；

● 会议中使用 AI 语音转录工具实时记录会议内容，避免手动记录的低效问题；

● 会议后使用 AI 提炼会议纪要，生成标准化行动方案，确保任务落地。

AI 助力活动策划，提高项目执行效率

从市场推广活动到企业培训会，活动策划往往涉及多个环节，执行难度大，需要有精准的计划和多方面的协作。AI 可以极大优化这一过程，下面是一些案例。

● 初步策划：用 AI 生成完整的策划方案，包括目标、预算、执行计划等。

● 任务分工：用 AI 自动拆解任务，并生成可执行的日程安排。

● 风险评估：用 AI 提前识别活动中的潜在风险，并提供

备选方案。

这样一来，你就可以快速获得一份完整的策划方案，提高活动执行效率。

AI 进行可行性分析，优化决策执行

在执行某项任务或决策前，进行可行性分析是必不可少的。AI 可以帮助你快速分析不同方案的优劣势，提高决策质量，下面是一些案例。

● 数据支持：让 AI 根据行业数据，提供不同方案的优缺点对比。

● 成本评估：让 AI 计算不同执行方案的成本和投入产出比。

● 风险预测：让 AI 分析潜在风险，并给出规避建议。

这样一来，你就可以基于数据做出更精准的决策，确保执行效率最大化。

执行力不仅仅由个人能力的强弱决定，更取决于工作方法和工具的优化。AI 正在成为职场人的高效工作而助力，作为你的智能执行助手，AI 工具会大幅提升你的职场行动力，从而让你高效达成目标。在未来的职场竞争中，真正的赢家不是那些工作时间更长的人，而是那些能更聪明地利用 AI 提升执行效率的人。

附　录

一人公司的真实案例分享

普通人的觉醒：用 AI 重构一人公司的无限可能

我是小雨，是生于千禧年浪潮中的第一批数字游民。

17 岁那年，当同龄人还在备战高考时，我已经在电商赛道熬夜上架产品。

21 岁的今天，我已经创办了一人公司，业务遍及 30 座城市，线上办公，全国旅居。

从 17 岁到 21 岁的这 4 年间，我以互联网为茧，完成了从电商小白到 AI 创业者的蜕变，而觉醒社群与 DeepSeek，恰似破茧时照进的两束光。

2023 年，我深陷于电商业务的"选品—爆单—封号"循环，如同西西弗斯日复一日推石上山。转机出现在某个失眠夜的凌晨三点，一个名为"一人公司"的概念出现在我的视野。

我彻夜未眠，搜寻了有关它的全部消息。看得越多，我越兴奋、激动。似乎往前跨一步，我就真的能够拥有自己的一人公司。

后来，我一次一次用实践证明，自己的选择非常正确。

鱼堂主说的一句"没有自媒体小白，只有人生小白"和一人公司的商业模式，让我彻底逆袭。我成功地按照这套商业模式，用两个月的时间跑通了商业闭环。那两个月内，我赚到了30万元。

DeepSeek 的问世，让我加速了前进的步伐。现在的我，运营着 3 个深度绑定 DeepSeek 模型的"智能分身"：内容中枢，基于微调后的行业大模型，每日为我自动生成选题；数字员工，针对产品的售后问题生成回复；策略军师，为我的业务发展制定长远策略，为产品规划、定价策略及营销活动提供方案。

在觉醒社群的帮助下，一人公司这个概念逐渐成为我的运营理念。我也逐渐享受到了拥有一人公司的自由的感觉。

这种自由，远比我少年时想象的"不用上班"更辽阔——它意味着每个清晨醒来，我都能选择让世界的任何一个角落成为自己新的办公室。

此刻在洱海畔的民宿，我正用语音写作的方式输出这些文字。远处苍山云雾缭绕，像极了 4 年前那个深夜里，一个少女看不清的未来。

但现在的我知道了，真正的安全感来自持续进化的能力。它藏在每次认知觉醒的战栗里，在每次与 AI 的深度对话中，更在每个敢于打破生存惯性的决断中。

从未有人规定过所谓"正确"的活法，但如果有，我想那就是永远忠于对自由的渴望。这个世界，终将奖励那些敢于重塑自我的觉醒者。

小雨

闲鱼电商导师

两年实现一人公司，全国旅居

电商和自媒体收入超过六位数

实体创业转型自媒体，靠 AI 和一人公司还清负债，逆风翻盘

我是水龙，一个热爱创业的小伙，出生于 1996 年。我从大二就开始创业，毕业后，我带着团队做销售业务，创造了超过 100 万元的收入；可惜后来由于市场变化和个人经验不足，公司资金链断裂，我只能解散团队，靠打工来还债。

但不服输的性格加上对创业的热爱，让我在打工的这两年里，无数次想再创业。2023 年年底，我遇见了阿猫老师，接触了一人公司的理念，自此开启了一人公司的创业新模式。

我从过去非常依赖员工的能力，转为聚焦于自己能力的提升。我开始写作，通过写文章销售自己的产品，同时通过社群运营、活动发售的形式实现批量成交。这也让我从过去依赖人员销售，彻底转型为靠内容销售。

通过将 AI 与自媒体结合，我全面摆脱了以前要花高额资金租办公室、招聘员工的高风险创业模式，开始了一人居家办公的模式，过上了边旅行边赚钱的生活，实现了低成本、高利润的创业模式。

在阿猫老师的帮助下，我用短短一年时间就通过自媒体带货变现了 200 多万元，净利润超过 100 万元，还清了负债，彻底改变了自己的命运。

　　真的非常感谢阿猫老师对我的帮助，他的分享和咨询拓展了我的财富认知。在我的自媒体创业早期，他还给了我推荐了很多客户，同时也在线下活动时大力推荐我，给了我很大的曝光量。

　　与此同时，我还在觉醒社群里认识了很多优秀的朋友，结交了和我一样深度认可一人公司创业模式的同行者。跟随这个积极向上、高能量的社群，我变得越来越强。

　　今年 DeepSeek 爆火，在阿猫老师的提倡下，我也开始在生活中大量地使用 AI 工具，并且将它应用到自己的自媒体工作中。

　　我开始用 DeepSeek 写文章，优化销售文案，应对私域运营的痛点，等等。同时，DeepSeek 还成了我的免费会议助理，每次和学员开完会，它都可以帮我做会议总结，大大提升了我的效率。

　　"AI+自媒体"让我拥有了众多 AI 免费员工，真正成为一人公司的 CEO。

　　新的时代已经来临，让我们一起拥抱 AI，拥抱新的机会吧！

水龙

素人私域 IP 商业化陪跑教练

小报童自媒体类目订阅第一

通过做自媒体一人公司，一年赚到七位数存款

从 30 岁农村失业青年到
一年旅居 20 座城市的自由职业者

我是公子正，今年 31 岁，湖北咸宁人，是一个开着一人公司、全国旅居的自由职业者。

2022 年以前，我裸辞创业，结果赔得分文不剩，女友也因此离开了我。失业和失恋的双重打击，彻底将我击溃，我整天躲在房间里逃避现实，度日如年。

那时的我没想到，现在的我居然有了自己的一人公司，过上了全国旅居的生活。

2024 年，我这个以前从未坐过飞机的小镇青年，去了 20 座城市，跟五湖四海的朋友结伴同游，活成了自己理想中的样子。

而这一切，离不开本书的作者之一——阿猫的指引和帮助。

初识阿猫，是 2024 年 3 月，在杭州的一家咖啡店。

当时我从未想过我们能成为朋友，毕竟那时他已是全网百万粉丝的博主，是留学海外的金融硕士，也是年入几百万的自媒体前辈。而我只是一个高中辍学、资历平凡、刚刚入行的新人。

但没想到，我们一见如故，他还邀请我到觉醒品牌的线下活动当分享嘉宾。

2024 年 4 月 20 日，我会永远记住那天。那是我第一次上台做分享，虽然现场只有 38 人，但我还是非常紧张，头脑一片空白，只记得分享完大家都在鼓掌。

紧接着，神奇的事情发生了。

线下活动结束后，有两位朋友找我付费了上万元，其中一位，我甚至之前连他的微信都没有。

那天我请了现场所有朋友吃饭，这也是我头一次这么大方。因为我想，如果是阿猫，他一定会这么做。

阿猫比我小两岁，但格局很大，这让我十分敬佩。我在物质匮乏的环境出生和成长，以前总是缺少一些胆魄，但作为阿猫的朋友，我不再允许自己做一个吝啬的人。

那天吃完饭，我心情格外好。从那以后，我感觉不仅自己的格局和眼界在一点点变大，运气也越来越好，遇到的神奇的事情也越来越多。

2024 年 7 月，我和阿猫合作推出我的首个写作课，10 天时间，这份课程就卖出了 4200 多份。

9 月，我再次受邀在深圳觉醒线下大会当分享嘉宾，这次，是台下有着 200 人的舞台。

10 月，阿猫在上海开了第一家咖啡店，我是初始股东之一。

11 月，阿猫出版了他的第一本书《一人公司》，我第一时间买了 300 本，送给所有支持过我的贵人和朋友。

时至今日，我终于在自媒体行业有了一方小天地，并且随着一人公司的业务愈发稳定，我也赚到了人生中第一个 100 万元。

感谢阿猫给我的启发、机会、帮助，还有鼓励。

这本新书面世后，我依然会买很多本送人，这不仅是为了回报阿猫，更是为了在这个充满奇迹的时代，让 AI 的力量帮助更多像我一样的普通人开启一人公司，走上自由和富有之路。

如果你读到了这里，那么恭喜你，找到了一本正确的书，也欢迎你加入我们，一起学习。

公子正

自由职业教练

擅长线上变现，课程销售额超百万

写作导师，培训超过 4200 名学员入行自媒体